神農嚐百草

臺灣中草藥圖鑑及驗万

Illustration and Formula of Chinese Herbal Medicines in Taiwan

中國醫藥大學　藥學系

黃世勳 藥學博士 主編

Edited by Shyh-Shyun Huang Ph. D.

臺中市藥用植物研究會 (Since 1982)
創會 40 週年紀念學術專書

臺中市藥用植物研究會 / 編印

出版序

臺中市藥用植物研究會成立於民國 71 年 4 月 11 日，時間過得真快，自今年(110 年)4 月 11 日起將正式邁入第 40 年，本人曾於本會創會 30 週年時擔任紀念特刊的總編輯，當時是由游澤虎理事長所主持的第 15 屆幹部統籌慶典，本人同時也擔任該屆總幹事職務協助游理事長推動會務，而 30 週年紀念特刊已將本會的會史資料完整彙整了一番，應可滿足本會先進同好未來查閱會史資料之需求。

今年適逢本會 40 週年慶，去年胡文元理事長、鄒淑娟總幹事早已積極開會籌劃慶祝活動，會中也討論到是否出版紀念特刊，但基於 10 年前的 30 週年紀念特刊已完整記錄本會的會史相關資訊，若再遵循往例編輯 40 週年紀念特刊，擔心會有大多數內容重覆的疑慮，再加上本會每月舉辦的藥用植物研習活動，總是有會兄會姐不藏私的分享許多「治病良方」，所以，與會幹部決定今年的 40 週年慶典將史無前例的編輯 1 本「紀念學術專書」，以作為本會未來推動藥用植物知識的基石。

又臺灣《中醫藥發展法》已於民國 108 年 12 月 31 日正式公布，該法第 12 條強調「中央主管機關應強化中藥材源頭管理，積極發展及輔導國內中藥藥用植物種植」，可見得政府已有推動臺灣中草藥產業的決心，而臺灣有哪些重要的中草藥值得推廣呢？透過本書的選錄介紹，希望能引領國人，甚至是政府對實用保健植物應用的重視，也期待臺灣中醫界能積極將臺灣產中草藥使用於臨床上，累積更多治病經驗，讓長期流傳於臺灣民間確效的「民間藥」(folk medicine)，能被中醫師習慣應用而成為「中藥」(traditional chinese medicine) 的一員。

本書共選錄 70 種臺灣實用中草藥，另有許多的經驗方礙
於版面有限，皆附錄於書末以供閱讀者參考。而每種中草藥皆
以其常用「藥材名」作為標題，再依來源、分布、處方名、性
味、歸經、功能、經驗方逐一介紹，並附上藥材圖及來源植物
圖。部分中草藥因為傳入臺灣時間不長，大陸相關書籍也較缺
乏其藥用紀錄，則以現代國際研究成果附文，希望
對讀者有益。此次編輯時間極為匆促，疏漏之
處在所難免，還望同道先進們多給予意見，以
利再版時修正。此次很榮幸被推舉擔任本書的主
編，謝謝副主編、編輯委員們的大力相挺，方能如
期完稿付梓，也讓我們一起祝福臺中市藥用植物研究
會有無數個 10 年，臺中市藥用植物研究會，加油！

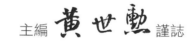

主編 黃世勳 謹誌

西元 2021 年 3 月 5 日
於中國醫藥大學水湳校區

目錄
CONTENT

（本書所錄中草藥依筆劃順序排列）

臺灣中草藥圖鑑及驗方

俗稱「一條根」的植物眾多，但在一種藥材只配對一種植物來源的概念下，一般公認以「千斤拔」為一條根藥材的來源植物。

一條根

來　源：豆科植物千斤拔 *Flemingia prostrata* Roxb. 之乾燥根。

分　布：臺灣全境低海拔山野零星可見。

處方名：一條根、千斤拔。

性　味：味甘、辛、微澀，性溫（或謂平）。

歸　經：肺、腎、膀胱經。

功　能：祛風除濕、活血解毒、理氣健脾、助陽道。

經驗方

(1) 治慢性肝炎：一條根 30 公克，雞骨草、廣金錢草、白花蛇舌草、益母草、穿破石、獨腳金各 15 公克，水煎服，連服 15～20 天。

(2) 治慢性腎炎：一條根 60 公克、女貞子 30 公克、山藥 15 公克、石韋 9 公克，水煎服，每天 1 劑。

(3) 治婦女經痛：杜仲、益母草各 30 公克，香附、一條根各 15 公克，水煎服。

(4) 治跌打扭傷：千斤拔（莖葉）、桃樹（葉）、鵝不食草（全草）、韭菜（根）各適量（均取鮮品），共搗爛加酒炒熱，敷患處。

(5) 治慢性腰腿痛：一條根、五加皮各 150 公克，威靈仙、杜仲、土牛膝各 90 公克，白酒 2,500 毫升，將上藥浸白酒中，半個月後，每次服 15～20 毫升，每日 2 次。

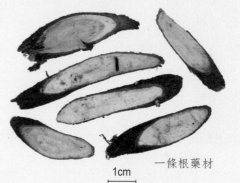

1cm

一條根藥材

(6) 治坐骨神經痛：土煙頭、臭加錠、一條根各 1 兩，豨薟草、刺桐皮、刺五加各 5 錢，牛膝 3 錢，半酒、水燉豬脊骨，分 3 次服。（《民間常用中草藥驗方集》）

鈍頭瓶爾小草偶見居家盆栽自生

一葉草

來　　源：瓶爾小草科植物鈍頭瓶爾小草 *Ophioglossum petiolatum* Hooker 之乾燥（帶根）全草。

分　　布：臺灣全境平野至低海拔草地常見，偶見居家盆栽自生。

處 方 名：一葉草、一支箭、矛盾草、瓶爾小草。

性　　味：味苦、甘，性微寒。

歸　　經：肝經。

功　　能：清熱解毒、消腫止痛。

經 驗 方

(1) 解熱，治肺炎、口腔疾患：一葉草(鮮品)20～30公克，燉赤肉服。

(2) 治胃痛、小兒高熱：一葉草 15 公克，水煎服，日服 2 次。

(3) 治陰道炎：一葉草(鮮品)2 兩，絞汁喝。

(4) 退燒：一葉草(鮮品)適量，絞汁喝。(臺中市‧漢強百草店/中國藥學 57 屆‧賴子維)

(5) 治肝硬化：大公英(指刀傷草)、含殼草、仙鶴草、六角英、桶鉤藤、葉下珠、一葉草、八卦草、清明草、夏枯草各適量，水煎服。

(6) 治發熱、咳嗽、喉嚨痛：一葉草、甜珠仔草、咸豐草及一枝香各 15 公克，炮仔草(燈籠草)及雞角刺根各 30 公克，水煎服。

1cm　　　一葉草藥材

(7) 治癆咳帶血絲：一葉草 15 公克，與豬肺煮熟服，屢效。

編 語

(1) 一葉草為兒科要藥，專治小兒各種疾患，主要用於解熱、消炎。

(2) 依《臺灣植物誌》第二版記載：臺灣的瓶爾小草科 (Ophioglossaceae) 植物有 3 屬 9 種，如陰地蕨屬 (Botrychium) 的大陰地蕨、七指蕨屬 (Helminthostachys) 的錫蘭七指蕨、瓶爾小草屬 (Ophioglossum) 的瓶爾小草類等，幾乎皆用於消炎、退癀、解熱。

仙人球莖呈球形、橢圓形或倒卵形，綠色，肉質，有縱稜 12 ～ 14 條，稜上有叢生的針刺，通常每叢 6 ～ 10 枚。

八卦癀

來　源： 仙人掌科植物仙人球 *Echinopsis multiplex* Preiff. et Otto 之新鮮莖 (或全草)。

分　布： 臺灣各地多見栽培供藥用。

處方名： 八卦癀、刺球。

性　味： 味甘、淡，性平。

歸　經： 肺、胃經。

功　能： 清熱止咳、涼血解毒、消腫止痛。

經驗方

(1) 八卦癀通常全株新鮮去刺，切片打汁，加蜜服，用於退燒。同法，用於肺腺癌、心臟病之治療。（阿蘭百草茶·陳輝南 老師/提供）

(2) 治雞流感：發燒灌八卦癀汁，肺炎灌「下田菊汁」。（2018.3.31 調查於南投國小）

(3) 治腹瀉下利方：雷公根、芭樂心、八卦癀各適量（皆採鮮品），水煎服，效佳。（中國藥學 55 屆·陳亭仰調查，某位長庚中醫師住在屏東的阿嬤提供，2014 年 5 月）

(4) 退燒：八卦癀（約拳頭 2 倍大）2 棵，將外皮連刺削除，加少許鹽巴及蜂蜜，用果汁機打成泥，服飲之。（南投縣名間鄉·洪秀治/中國藥學 57 屆·洪銘揚）

(5) 治發燒：八卦癀 3 兩，去刺和皮，加水與鹽絞汁服。（南投縣竹山鎮·黃陳秀枝/中國藥學 57 屆·曾冠瑋）

青草藥鋪常見販售新鮮「八卦癀」藥材**（箭頭處）**，且以鮮品使用為主。圖中(臺中市)阿蘭百草茶·陳輝南 老師（右1）正在為臺中一中·中醫藥社來訪的學子們介紹臺灣本土藥草的實用價值。(2020.4.18 訪問拍攝)

白花虱母藥效雖與虱母相近，但一般認為其效用優於虱母。

三腳破

來　　源：錦葵科植物虱母 *Urena lobata* L. 或白花虱母 *Urena lobata* L. var. *albiflora* Kan 。

分　　布：臺灣全境山坡、路旁草叢或灌叢中。

處方名：三腳破、虱母子頭、野棉花、肖梵天花、地桃花。

性　　味：味甘、辛，性平 (或謂涼)。

歸　　經：肺、脾經。

功　　能：清熱解毒、祛風利濕、行氣活血。

經 驗 方

(1) 治感冒：三腳破 8 錢，水煎服。

(2) 治尿濁、白帶：(新鮮)三腳破 2 兩，水煎服。

(3) 治內外痔，便血久治不癒：三腳破、白鶴靈芝、蔡鼻草、賜米草各 2 兩，雙面刺 1 兩，水煎當茶，或水煎 2 碗，早晚各服 1 碗，連服 10 劑可癒。(《民間常用中草藥驗方集》)

1cm

三腳破藥材

(4) 降血壓方：三腳破、甘蔗、牛頓草各適量，水煎服。

(5) 治消化不良、腹痛：含殼仔草、炮仔草、三腳破、益母草、咸豐草頭各 30 公克，水煎服。

虱母開紫紅花，俗稱「地桃花」。

(6) 治粒仔、英仔(即「癰」)、疔仔：三腳破 2 兩，水煎服。(鹿港地區驗方)

(7) 治腎炎水腫：(新鮮)三腳破 2 兩，酌加水煎，日服二次。

(8) 治坐月子時頭痛：三腳破、大風草頭、羊帶來、地斬頭(指菊科植物毛蓮菜或天芥菜之類)、鐵馬鞭各適量，將上述 5 種藥材和米酒加入雞湯內一起燉煮。(苗栗縣造橋鄉 · 黃吳秋蘭/中國藥學 56 屆 · 何易儒)

說 明

易儒訪談得知，地斬頭有兩種，一種是植株較高，另一種是植株較低，葉子平貼於地面的，此驗方的地斬頭要選擇的是後者。據上述推測應為天芥菜。客家話的「地斬頭」，其實叫地膽頭，即毛蓮菜或天芥菜之別名。

大葉桑寄生屬於半寄生植物，除了會吸取寄主植物的養分、水分外，因其本身也具有葉綠素，所以在寄主植物養分供應不足時，可自身行光合作用製造養分加以補充。其主要生長在木本植物的莖上，由變態的吸根伸入寄主植物的枝椏中。「桑寄生」主要依賴鳥類繁殖，透過鳥類吃了桑寄生結出的美味果實，再將種子隨糞便排出，若落在樹枝上，就會發芽寄生，形成新的植物體。

大葉桑寄生

來　源： 桑寄生科植物大葉桑寄生 *Taxillus liquidambaricolus* (Hayata) Hosokawa 之乾燥（帶葉）莖枝、根（含寄主桑枝）。

分　布： 臺灣全境中、低海拔偶見，通常寄生於桑樹、楓香、柏科、大戟科、茶科、樟科、薔薇科等植物體上。嘉義縣竹崎鄉有專門栽種大葉桑寄

生的農家，其寄主皆以桑樹，近年臺灣不少中藥房已以「大葉桑寄生」代用中藥桑寄生。

處方名：大葉桑寄生、桑寄生、桑上寄生、臺灣桑寄生。

性　味：味辛、苦，性平。(亦載味甘、苦，性平)

歸　經：肝、腎經。

功　能：強筋骨、補肝腎、祛風濕、清熱、降血壓、安胎。

經 驗 方

(1) 治酸痛方：翼蓼、生杜仲、炒杜仲、枸杞、紅耆各 5 錢，大葉骨碎補、熟地黃、味牛膝、川芎、桂枝各 4 錢，當歸、續斷各 3 錢，大葉桑寄生、木蝴蝶、粉光、甘草各 2 錢，桂皮、桑枝各 1 錢，附有 3 袋包煎 (以茶包紙袋裝)。包煎一：鱉甲 (打碎)、小茴香各 4.5 錢；包煎二：桂枝、桂蒂、桑枝、小茴香、鱉甲各 1 錢，以上皆打碎；包煎三：(炒) 核桃仁 4 錢，五味子、肉桂各 1 錢，以上皆打碎。(本方以 1 錢＝ 3.75 公克換算，總重大約 300 公克，相當於半斤) 用法：以 10 碗水煎剩 2 碗，早、晚各喝 1 碗 (可空腹)，須連續喝 3 天。禁忌：不能同時喝茶類、蘿蔔湯，需 2 小時後喝，否則會抵銷藥效，使藥方較為無效。(中國藥學 63 屆‧陳映璇，2020 年調查於臺北市迪化街，每帖售價 300 ～ 400 元)

(2) 治胰臟發炎：鳳尾尼 (日本金粉蕨)、虎杖、大葉桑寄生各 2 兩，水煎服。(雲林縣中草藥植物學會‧張武訓 理事長 / 提供)

(3) 治胎動不安：大葉桑寄生、人參、當歸頭、川芎、白芍、熟地、杜仲、肉蓯蓉、故子 (補骨脂)、茯苓各 3 錢，阿膠 (烊化)、白芷、白朮各 2 錢，炙甘草 1 錢半，水煎服。(雲林縣中草藥植物學會‧張武訓 理事長 / 提供)

(4) 治盲腸炎：大葉桑寄生、川七各 5 錢，白芍、益母草各 3 錢，香附 2 錢，水煎服。（雲林縣中草藥植物學會 · 張武訓 理事長 / 提供）

(5) 治痔瘡：大葉桑寄生、益母草、虎咬癀各 1 兩，蟬蛻 20 隻，水煎服。（雲林縣中草藥植物學會 · 張武訓 理事長 / 提供）

(6) 治筋骨酸痛：黃金桂、軟枝椬梧、小本山葡萄、穿山龍（南蛇藤）、臺灣桑寄生各 2 兩，3 碗水及 3 碗米酒，加豬尾冬骨，用電鍋燉，外鍋放 3 杯水，吃 2 天。（臺中市藥用植物研究會 · 第 19、20 屆監事 謝萬福 / 提供）

編 語

本品為臺灣產「桑寄生」藥材主要來源，一般公認其品質最佳，銷售量也最大，市售價格較昂貴，中醫師普遍認為其藥效優於檞寄生。

圖 1：大葉桑寄生的果實成熟，黏附於桑枝上**（箭頭處）**。
圖 2：大葉桑寄生萌芽了**（箭頭處）**
圖 3：大葉桑寄生的莖枝
圖 4：大葉桑寄生的莖枝切片後，可供藥材使用。
圖 5：已遭大葉桑寄生吸根伸入**（箭頭處）**的桑枝
圖 6：遭大葉桑寄生吸根伸入的桑枝切片後，才是市售「大葉桑寄生」藥材的主要貨源。（**箭頭處**為大葉桑寄生的組織，其餘黃白色部分為桑枝的組織）
圖 7：大葉桑寄生的花
圖 8：大葉桑寄生正處於果期

兔兒菜因開黃色花，且植株不大，故俗稱「小金英」。

小金英

來　源：菊科植物兔兒菜 *Ixeris chinensis* (Thunb.) Nakai 之乾燥全草。

分　布：臺灣全境平地、山地、高山，平野廢耕地均可見。

處方名：小金英、兔兒菜、蒲公英 (臺灣青草藥鋪習稱)。

性　味：味苦，性涼。

歸　經：肝、脾、腎經。

功　能：清熱解毒、涼血止血、消腫止痛、祛腐生肌。

經 驗 方

(1) 治酸痛膳食方：新鮮小金英 1～2 兩，雞蛋 2 個，取小金英切碎，再和蛋一齊打混，待麻油熱鍋後，將材料倒入煎到熟後，再放入「料理米酒」，等冒白煙時起鍋即完成。這項料理最好在晚上睡前食用，因小金英入肝經，肝主筋，對於疲勞性酸痛，有立竿見影之效。(臺中市藥用植物研究會 · 蔡裕輝老師/提供)

1cm

小金英藥材，常被誤作「蒲公英」。

(2) 治痔瘡：羊帶來、小金英、半枝蓮、艾草各 2 兩，紅棗 15 顆，水煎服。(《彩色藥用植物圖鑑及驗方》)

(3) 治乳癌：蒲公英、小金英、白英、金銀花、紫花地丁、半枝蓮、白花蛇舌草、半邊蓮、煮飯花頭、夏枯草、茄苳根、臭茉莉各適量，加紅棗，水煎服。(《彩色藥用植物圖鑑及驗方》)

(4) 治子宮肌腺瘤：小金英、魚尖草各 1 兩，黑面馬 (頭)5 錢，青殼鴨蛋 2 個，以 6 碗水煎至 3 碗，每日 1 帖，分 3 次服完，每餐飯後服用 1 碗。(臺灣省民間藥用植物研究會 · 沈金順 理事長/提供)

(5) 治肝炎：小金英、白馬蜈蚣各 1 兩，毬蘭、明日葉各 5 錢，水煎服。(中華中青草藥養生協會 · 蔡和順 創會理事長/提供)

(6) 治喉嚨痛：小金英、鹽酸仔草、大號一枝香、遍地錦、鼠尾 、水丁香 (葉)各 5 錢，水煎服。

(7) 治感冒發燒：白茅根、金銀花、小金英、魚腥草、紫蘇各 1 兩，水煎服。

山芙蓉開花了

山芙蓉

來　　源：錦葵科植物山芙蓉 *Hibiscus taiwanensis* S. Y. Hu 之乾燥根及莖。

分　　布：臺灣全境平地至海拔 1,000 公尺山麓。

處方名：山芙蓉 (頭)、狗頭芙蓉 (頭)。

性　　味：味微辛，性平。

歸　　經：肺經。

功　　能：清肺止咳、涼血消腫、解毒、美白。

臺灣中草藥圖鑑及驗方

經　驗　方

(1) 治皮膚生疔瘡：山芙蓉根頭部分二層皮（鮮品）2 兩，搗爛加少許黑糖，敷患處見效。（臺中市藥用植物研究會 · 第 16 屆理事 陳茂盛 / 提供）

(2) 治瘰癧或淋巴結腫大：山芙蓉 2 兩，水 7 碗煎 2 碗，加鹽少許服。（雲林縣中草藥植物學會 · 張武訓 理事長 / 提供）

(3) 治中風、手腳萎縮：山芙蓉 1 斤，水淹過藥草，水滾開後，再用小火煎 3 小時服用。（雲林縣中草藥植物學會 · 張武訓 理事長 / 提供）

(4) 治牙痛：山芙蓉、梔子根各 5 錢，水燉青殼鴨蛋服。（雲林縣中草藥植物學會 · 張武訓 理事長 / 提供）

1cm

山芙蓉藥材

(5) 治癰疽腫毒、疥瘡：黃蓮蕉頭、刺波根、刺茄頭各 1 兩半，山芙蓉 1 兩，山埔崙、王不留行各 5 錢，酒、水各半，燉豬瘦肉，分次服。（《民間常用中草藥驗方集》）

(6) 治皮膚癢：黃水茄、刺波頭、山芙蓉、水丁香各 1 兩，水煎分 2～3 次服。可搭配扛板歸、臭川芎各 2 兩，或（新鮮）馬纓丹枝葉適量，煎水外洗患處。（《民間常用中草藥驗方集》）

細本山葡萄

山葡萄

來　　源：葡萄科植物細本山葡萄 *Vitis thunbergii* Sieb.
& Zucc.、小葉山葡萄 *Vitis thunbergii* Sieb. &
Zucc. var. *taiwaniana* F. Y. Lu 之乾燥藤莖。

分　　布：臺灣平地及山麓叢林內。但已被採用殆盡，現
多賴栽培。

處方名：山葡萄、小本山葡萄、小號山葡萄。

性　　味：味甘、酸，性平。

歸　　經：肝、胃經。

功　　能：清熱解毒、利尿、袪風除濕。

臺灣中草藥圖鑑及驗方

經 驗 方

(1) 治骨刺痠痛：大飛揚（羊母乳，自採）、杜仲各 3 兩，雙面刺、山葡萄各 2 兩，桂枝 5 錢，甘草 3 錢，水煎服。（中國醫藥大學・黃世勳 副教授 / 提供）

山葡萄藥材

(2) 治尿濁、下消、腳酸軟或自少年亂淫、手淫帶來之下消白濁症：（大本）牛乳埔、（小號）山葡萄各 1 兩，白刺杏、山羊癮（本藥材常用於降血糖，來源植物為豆科農吉利）、蔡鼻草、千斤拔、白肉豆根、龍眼根、有骨消、丁豎杇各 5 錢，用第二回的洗米水 10 碗燉出 2 碗的藥汁，藥汁再燉粉腸約 1 小時，在早晚飯前 1 小時溫服，連續服食，2 天一帖。（中國醫藥大學・黃世勳 副教授 / 提供）

(3) 治風濕關節痛：山葡萄 2 兩，酒、水各半煎二次，分服。

(4) 治白內障：千里光、羊角豆、枸杞根、菊花、狗屎烏、山素英、葉下珠、白虱母子、山葡萄各適量，加雞肝燉服。

(5) 治血淋：山葡萄、車前草、藕節各 5 錢，鳳尾草、小薊各 3 錢，水煎服。

(6) 治痔瘡：青骨蒟麻根（乾品）3 兩、山葡萄（乾品）1 兩，水煎服，三餐飯後服。（臺中市藥用植物研究會・第 18 屆常務監事 范有量 / 提供）

編 語

小葉山葡萄的葉片長度多小於 4 公分，而細本山葡萄的葉片長度多大於 4.5 公分，兩者可區別，但入藥混採混用。

小葉山葡萄（攝於臺中市新社區葡萄農園外圍，2009.5.14)

丹參非臺灣原生植物，目前被視為高經濟作物栽培。

丹參

來　　源： 唇形科植物丹參 *Salvia miltiorrhiza* Bge. 之乾燥根及根莖。

分　　布： 臺灣各地零星栽培，花蓮是主要栽培區，目前更朝著有機種植推廣。

處方名： 丹參、紫丹參、酒丹參、赤參。

性　　味： 味苦，性微寒。

歸　　經： 心、肝經。

功　　能： 活血祛瘀、涼血清心、養血安神。

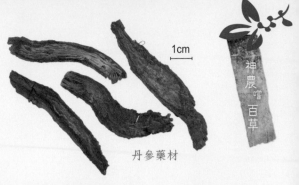

丹參藥材

經驗方

(1) 治冠心病、心絞痛、心肌缺血：丹參 50 公克，元胡（延胡索）15 公克，桃仁、當歸、紅花各 10 公克，水煎分早晚 2 次服。

(2) 治腦血栓後遺症：黃耆 100 公克，雞內金 50 公克，丹參 30 公克，雞血藤、地龍各 20 公克，天麻 15 公克，水蛭 10 公克，水煎分早晚 2 次服，連服 15 ～ 30 日即效。

(3) 治心悸失眠：丹參 30 公克，柏子仁、炒棗仁各 20 公克，麥門冬 15 公克，茯神、梔子、黃連各 10 公克，水煎分早晚 2 次服，連用 3 ～ 5 日即效。

(4) 治經血不調、經閉不通：丹參 30 公克，益母草 20 公克，香附、路路通各 15 公克，當歸、紅花、乳香、沒藥各 10 公克，水煎分早晚 2 次服，加入少許紅糖為引，服用 3 ～ 7 日即效。

(5) 治肝硬化：丹參 100 公克，雞內金 30 公克，川芎 20 公克，白茅根 15 公克，柴胡、三稜、莪朮、皂刺、青皮、紅花各 10 公克，水煎分早晚 2 次服。

編語

(1)「一味丹參散，功同四物湯」出自《婦人明理論》。凡學過中醫之人都知道，四物湯是中醫補血第一方，該方具有補血活血調經作用，中醫認為，瘀血不去，新血不生，而丹參功能活血化瘀而生新血，所以丹參具有活血補血功效，相當於四物湯。另外，丹參善於調養婦女經水，為婦科要藥，多用於婦女月經不調、痛經、經閉、產後瘀滯腹痛等。

(2) 本品與川芎皆能活血調經，但川芎辛溫，以寒凝氣滯血瘀用之為佳，而丹參苦寒，以血熱鬱滯用之為佳。

白冇骨消為鄉野常見雜草之一

冇廣麻

來　源： 唇形科植物白冇骨消 *Hyptis rhomboides* Mart. &. Gal. 之乾燥全草。

分　布： 臺灣全境平野至山野潮濕溝渠旁。

處方名： 冇廣麻（冇管麻）、白冇骨消、頭花香苦草。

性　味： 味淡，性涼。

歸　經： 尚無共識。

功　能： 利尿祛濕、消滯、消腫、解熱、止血、行血。

經驗方

(1) 消炎、利尿：有廣麻 4 兩，水煎服。（《臺灣本土青草實用解説》）

(2) 消暑、解熱：有廣麻 4 兩，加冰糖，煮水當茶喝。（《臺灣本土青草實用解説》）

(3) 治脂肪肝：白有骨消（俗稱胖公仔草）全株曬乾，煮水當茶喝。（臺中市豐原區·劉素卿／中國藥學 58 屆·郭劉瑄蕙）

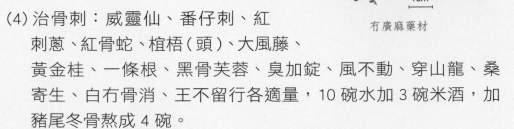

1cm

有廣麻藥材

(4) 治骨刺：威靈仙、番仔刺、紅刺蔥、紅骨蛇、楠梧（頭）、大風藤、黃金桂、一條根、黑骨芙蓉、臭加錠、風不動、穿山龍、桑寄生、白有骨消、王不留行各適量，10 碗水加 3 碗米酒，加豬尾冬骨熬成 4 碗。

(5) 治膀胱癌、攝護腺癌：半枝蓮、白花蛇舌草、紫茉莉、白有骨消、霧水葛各 2 兩，水 18 碗煎至 5 碗，每 3 小時喝 1 碗，每日 1 帖。

(6) 治肺積水：（新鮮）彩葉草、構樹根各 40 公克，狗尾蟲、三白草根、白有骨消各 30 公克，水 5 碗煎 2 碗，分 2 次服。

編語

(1) 本品原植物稱「白有骨消」，宜與忍冬科的有骨消互相區別名稱。

(2) 有廣麻，「有」指中空或疏鬆；「廣」同管，形容其莖的特質，故名。

麵包樹多見栽培

巴刀蘭

來　源：桑科植物麵包樹 *Artocarpus incisus* (Thunb.) L.
f. 之乾燥粗莖及根。

分　布：臺灣各地可見人家零星栽培。

處方名：巴刀蘭 (阿美語 Patiru 之語譯)、巴吉魯、麵包
樹 (根)。

性　味：尚無共識。

歸　經：尚無共識。

功　能：解毒、降血糖。

臺灣中草藥圖鑑及驗方

經 驗 方

(1) 治糖尿病：(a) 巴刀蘭 5 兩，水煎服。(b) 巴刀蘭、破布子根各 3 兩，水煎服。（以上 2 方皆取自《臺灣本土青草實用解說》）

(2) 治骨刺：巴刀蘭、（小號）牛乳埔、倒地麻各 3 兩，燉鱔魚骨。（《臺灣本土青草實用解說》）

(3) 治血壓高，頸緊：有骨消、觀音串、巴刀蘭各 2 兩，紅田烏、紫背草各 1 兩，一枝香 5 錢，煮黑糖喝。

1cm

巴刀蘭藥材

編 語

(1) 市售牛乳埔藥材分 2 種，一為大號牛乳埔：指桑科植物牛奶榕；另一為小號牛乳埔：指桑科植物臺灣天仙果，民間還是以「小號」較常被使用，所以，處方若未指明，在無法判斷下，建議以「小號牛乳埔」為主。

(2) 臺灣東部地區有販售本植物果實（每斤約 60 元），削去皮（含種子），加小魚乾、排骨一起煮，種子也很好吃。

稜軸土人參開花了

巴參菜

來　　源：馬齒莧科植物稜軸土人參 *Talinum triangulare*
　　　　　(Jacq.) Willd. 之新鮮全草 (或莖、葉、根)。

分　　布：臺灣全境低海拔山野、荒地、庭院及其它有人
　　　　　煙的角落，仍以人工栽培種植為主。

處方名：巴參菜、土巴參、參仔菜、皇宮菜。

性　　味：味甘，性涼。

歸　　經：尚無共識。

功　　能：清熱利濕、解毒消腫、健脾潤肺、止咳、調經。

臺灣中草藥圖鑑及驗方

現代研究成果：

(1) 降血糖：巴參菜的葉之類黃酮萃取物能有效改善大鼠被 streptozotocin 誘導發生的高血糖及其併發症，實驗結果顯示該萃取物能有效降低糖尿病鼠血中的血糖、尿酸、肌酸酐 (creatinine)、總膽紅素 (total bilirubin)，且三酸甘油酯、總膽固醇、低密度脂蛋白 (LDL) 等皆有下降。(Oluba et al., *Food Sci Nutr.* 2018 Oct; 7(2): 385-394.)

扦插繁殖的稜軸土人參，其根為多條分歧主根，圖為二年生的根。(此圖由雲林縣中草藥植物學會‧吳昭男理事長/提供拍攝)

種子繁殖的稜軸土人參，其根為單一主根，圖為二年生的根。(此圖由雲林縣中草藥植物學會‧吳昭男 理事長/提供拍攝)

(2) 調節免疫功能：對巴參菜的莖、葉進行不同的溶媒萃取，發現其含有豐富的類黃酮及多酚類成分，且能抗氧化及調節免疫功能。(Liao et al., *J Food Drug Anal.* 2015 Jun; 23(2): 294-302.)

(3) 抗癌作用：巴參菜多醣體對於植入 H22 肝癌細胞的昆明小鼠 (Kunming mice) 具有抗癌作用，這活性可能與其免疫調節功能有關。(Wang et al., *Food Funct.* 2014 Sep; 5(9): 2183-2193.)

(4) 抗氧化及美白作用：巴參菜的莖之水、甲醇浸出物具有抑制酪胺酸酶 (tyrosinase)、亞鐵螯合及清除自由基等作用。(Oliveira Amorim et al., *Antioxidants (Basel).* 2013 Jul; 2(3): 90-99.)

(5) 保肝活性：取自巴參菜全草的多醣體對於以四氯化碳誘導肝損傷的小鼠具有保肝活性，這活性可能與其抗氧化作用有關。(Liang et al.，*J Ethnopharmacol.* 2011 Jun; 136(2): 316-321.)

編 語

(1) 本品於臺灣民間被應用於肝炎、黃疸、慢性鼻炎、腎炎水腫、濕熱型皮膚病、濕熱泄瀉、燒燙傷、內痔出血、乳汁不足、小兒疳積、脾虛勞倦、肺癆咳血、月經不調等疾病之治療。

(2) 本植物繁殖方法：種子、扦插、分株。

(3) 本植物的花梗有稜角，花大而疏，根的外形似人參，故稱為稜軸土人參。與同屬植物假人參【*Talinum paniculatum* (Jacq.) Gaertn.】外形相似，常被誤認。

(4) 本植物原產於熱帶美洲，於 1911 年引入臺灣，其莖、葉可炒食或煮湯食用，或將嫩莖葉洗淨後用鹽醃漬成醬菜。臺灣民間取其全草各部位應用於食用經驗，已超過百年歷史，建議政府應考慮將其納入「可供食品原料」項目。(2021.3.8 考察)

～ Notes ～

神農嚐百草

木棉是常見的景觀植物

木棉根

來　源：木棉科植物木棉 *Bombax malabarica* DC. 之乾
　　　　燥根或根皮。

分　布：臺灣全境普遍栽植為園藝行道樹。

處方名：木棉根。

性　味：味微苦，性涼。

歸　經：脾、胃經。

功　能：清熱解毒、祛風除濕、散結止痛、補腎陽。

經 驗 方

(1) 治月內風：木棉根（二層皮）2 兩，紅花虱母（根）1 兩，水煎沖酒服。

(2) 治肺癌、腸癌：木棉根 1 兩，水 3 碗煎取大半碗溫服。

(3) 治消化性潰瘍：木棉根、烏賊骨各 2 兩，研末製蜜丸，每次 6 ～ 9 克，日服 2 次。

(4) 治胃痛：木棉根 2 兩、雙面刺 3 錢，水煎服。

(5) 治肝炎：苧麻根、雞角刺（頭）、五爪金英（頭）、木棉根各 1 兩，（小本）丁豎杇 5 錢，水煎服。

(6) 治肝火旺、口乾、口臭：黃水茄、木棉根、苧麻根、桶鉤藤各 1 兩，水煎服。

(7) 治糖尿病：木棉根 2 兩、咸豐草 1 兩，水煎服。

(8) 治風濕痺痛：木棉根 5 錢，水煎去渣，沖入黃酒少許，一日 1 帖，分 2 次溫服。

1cm

木棉根藥材

編 語

本植物的根含鞣質、木棉膠；根皮含羽扇豆醇（lupeol，屬於三萜結構），此成分能抗癌、抗氧化、抗發炎、抗微生物活性等。

水丁香的花瓣 4 片，黃色，倒卵狀圓形，先端微凹。

水丁香

來　　源：柳葉菜科植物水丁香 *Ludwigia octovalvis* (Jacq.) Raven 之乾燥根及莖。

分　　布：臺灣全境平地至低海拔溝旁、田邊、路旁、草叢中。

處方名：水丁香 (頭)、水香蕉、針銅射。

性　　味：味苦、微辛，性涼。

歸　　經：尚無共識。

功　　能：解熱、利尿、降壓、消炎。

經 驗 方

(1) 治高血壓：丹參 4 錢，牛膝、玄參、甘草各 3 錢，鉤藤、天麻、白芍、水丁香各 2 錢，3 碗半水煎成 1 碗，早晚各煎 1 次溫服。（高雄市藥用植物學會‧陳怡樺 理事長 / 提供）

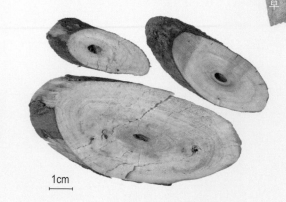

水丁香（頭）藥材

(2) 治尿酸高、骨刺、坐骨神經痛、類風濕性關節炎、風濕關節炎：大葉千斤拔（白馬屎）、土牛膝各 1 兩，滿山香（白葉釣樟）、紅骨蛇（南五味）各 5 錢，水丁香 3 錢，水煎服。

（臺中市藥用植物研究會‧第 12 屆理事長 林進文 / 提供）

(3) 治咽喉發炎腫痛、長繭、失聲沙啞：水丁香（全草）6 兩、崗梅根 2 兩，水 3,000 c.c.，大火沸騰後轉小火煮 2 小時，當茶飲。

（臺中市藥用植物研究會‧第 15 ～ 18 屆理事，第 19 屆常務監事 王錫福 / 提供）

(4) 治腎炎（水腫）：(a) 水丁香、丁豎杇、玉米鬚、佛手根各 1 兩，水 6 ～ 8 碗，煎 3 碗去渣，分 3 次服。(b) 水丁香、丁豎杇、冇骨消、土牛膝、大山葡萄各 1 兩，水 8 碗，煎 3 碗去渣，分 3 次服。（《民間常用中草藥驗方集》）

(5) 治尿毒症：水丁香、土人參、藤三七、茯苓菜各 1 兩，益母草 5 錢，水煎服。（《民間常用中草藥驗方集》）

白棘的小枝葉腋具銳刺，觀察時需小心以免被刺傷。

牛港刺

來　　源： 鼠李科植物白棘 *Paliurus ramosissimus* (Lour.)
　　　　　Poir. 之乾燥根及莖。

分　　布： 臺灣全境平野路旁、山地或海濱。

處方名： 牛港刺(頭)、白肉牛港刺、牛公刺、石刺仔、
　　　　　馬甲子(根)。

性　　味： 味苦，性平。

歸　　經： 肺、胃、肝經。

功　　能： 祛風濕、散瘀血、解毒消腫。

臺灣中草藥圖鑑及驗方

經 驗 方

(1) 治牙疔、齒齦炎：馬甲子根、山芙蓉各 30 公克，水煎服。

(2) 治風濕疼痛：馬甲子根適量浸酒，內服外擦。

(3) 治疱癰腫毒：馬甲子根 1 兩，水煎服；鮮葉外用，適量搗爛敷患處。

(4) 治類風濕性關節炎：馬甲子、地梢花、絡石藤各 30 公克，水煎服。（大陸安徽）

1cm

牛港刺藥材

(5) 治手腳風痛：牛港刺、桶鉤藤、刺仔花頭各 5 錢，若以祛風為主，可再加黃花虱母草頭、馬鞭草各 1 兩，半酒、水燉鱔魚服。（《民間常用中草藥驗方集》）

(6) 治骨折：馬甲子（鮮枝）4 兩，半酒、水燉豬尾骨服。

(7) 治骨刺：牛港刺、番仔刺各 2 兩，燉尾椎骨服。（《臺灣本土青草實用解說》）

(8) 白肉牛港刺複方茶包：白肉牛港刺（枝、葉）、牛奶樹（樹莖）、黃花蜜菜（全草）、六角英（全草）等各適量，乾燥打碎，混拌製茶包。每包 5 公克的茶包，加水 1,200～1,500 c.c. 的水，開大火煮沸，沸騰後（還是大火）續煮 10 分鐘，將茶包與茶水倒入保溫瓶或保溫桶繼續做悶燒的動作，即可時時喝到溫熱的無糖茶飲。（友路開發有限公司‧簡根元 董事長／提供）

說 明

本方之組成可能改善的疾病，包括排便不順、老人失眠、肩頸緊繃、疲勞、宿醉、大小便異味、口臭、骨刺、停經婦女指甲脫落、胃食道逆流、聲音沙啞等。

(9) 治風濕酸痛：牛港刺、一條根、羊奶頭、山葡萄、雞喀頭各 2 兩，加酒燉排骨服。《臺灣本土青草實用解說》

煎煮及用法經驗分享（友路開發有限公司・簡根元 董事長/提供）

1. 牛港刺藥材煎煮法：

(1) 每包 600 公克（1 斤）放入不鏽鋼鍋，加水 7,000 c.c.，開大火煮沸，沸騰後續滾 30 分鐘，轉小火或中火續煮 45 分鐘，熄火後（需留意水量，不能煮乾，途中可加水），將汁、渣分離（汁約 3,000～3,500 c.c.）。

☞ 如果用 10 公升快鍋煮可加 6,000 c.c. 水量，煮 30 分鐘，熄火待壓力棒降下後開蓋，汁、渣分離（汁約 3,000 c.c.）。

(2) 將渣再加水 5,000 c.c. 再煮第二次，開大火煮沸，沸騰後續滾 15 分鐘，轉小火續煮 45 分鐘熄火，第二次汁和渣分離，汁約 2,000 c.c.～2,500 c.c.，將第一次和第二次的汁混合（渣就不用了）。

☞ 如果用快鍋煮時加 4,000 c.c. 水量煮 30 分鐘，熄火待壓力棒降下後開蓋，汁和渣分離（汁約 2,000 c.c.）

(3) 若家中鍋具沒有那麼大，可分一半煮（半斤）、水量減半，時間不變。

2. 承 1. 後續燉法（採藥燉排骨方式）：

(1) 取 1. 所得適量的原汁，加入數塊豬尾冬骨（豬骨也可，牛骨更好），可隨自己口味放紅棗、枸杞、黃耆、當歸等，放入電鍋內燉煮（外鍋加 1～2 杯水），時間約 1 小時。（不要加鹽、味素等調味料）

臺灣中草藥圖鑑及驗方

(2)剩下的汁待冷卻後，放冰箱以做為下次的燉煮湯。

3. 用法：

(1)燉好的牛港刺湯汁，每天分 3 ～ 4 次飲用，每次約 250 ～ 300 c.c.，溫熱喝(不限飯前或飯後)。

(2)當湯汁服用約 1 ～ 2 小時後，請再喝等量的溫開水幫助消化。

(3)一日喝不完，可待冷卻後放冰箱，明日再溫熱喝。

編 語

關於本品相關藥理研究的國際論文發表，目前尚缺乏。但據臺灣牛港刺應用專家簡根元老師表示，本品已對板機指、手部之類風濕性關節炎、膝蓋韌帶受傷發炎、車禍受傷處(7個月不長肉)、閃腰和聽力障礙、腳抽筋、退化性關節炎、多年煙咳、肩胛骨痛、年長骨鬆、椎間盤突出引起腳麻、脊椎骨折至椎間盤突出等案例，有改善或治癒的經驗。

龍芽草長得很茂盛

仙鶴草

來　源：薔薇科植物龍芽草 *Agrimonia pilosa* Ledeb. 之乾燥全草。

分　布：臺灣北部及中部低海拔約 1,000 公尺以下的山地、平野、路旁或草地。

處方名：仙鶴草、龍芽草。

性　味：味苦、澀，性平。

歸　經：腸、胃、脾經。

功　能：收斂止血、截瘧、止痢、解毒。

經 驗 方

(1) 治痔瘡：蔓黃菀粗莖（乾品）2 兩、仙鶴草（乾品）5 錢，6 碗水煎至 2 碗，分早晚各服 1 碗。（臺中市藥用植物研究會‧第 18 屆常務監事 范有量／提供）

(2) 治一般小感冒：（紅）紫蘇、葛根、雞屎藤、魚腥草各 2 兩，仙鶴草 1 兩，紅棗 12 粒，老薑 1～2 兩，水淹過手盤多一點，大火滾過切小火，熬煮 1 小時，一帖吃 2～3 天。

◎ 抗一般流感病毒，可另加：板藍根 2 兩，肺炎草、虎耳草各 1 兩。

◎ 有發燒，可另加：白茅根 2 兩、金銀花 1 兩，有蠶豆症者勿食用金銀花。

◎ 喉嚨痛或頭痛，可另加：金錢薄荷、艾草各 1.5 兩。

◎ 會咳嗽，可另加：百合 2 兩、紅竹葉 1～2 兩、枇杷葉 1 兩。

◎ 會嘔吐，可另加：狗尾草 3 兩、橄欖根 2 兩。

◎ 會拉肚子，可另加：鳳尾草、紅乳仔草各 1 兩。

（臺中市藥用植物研究會‧胡文元 理事長／提供）

(3) 治衄血、吐血：白茅根、旱蓮草各 1 兩，仙鶴草、茜草各 5 錢，水煎，分 2～3 次服。（《民間常用中草藥驗方集》）

(4) 治血尿：白茅根、車前草、小薊根各 1 兩，仙鶴草 5 錢，水煎，分 3 次服。若小便不利者，再加珍中毛 5 錢。（《民間常用中草藥驗方集》）

清代《植物名實圖考》之「龍芽草」繪圖

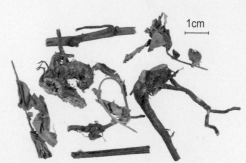

仙鶴草藥材

半夏偶見栽培，臺灣大學校區草坪經常可見。

半夏藥材

1cm

半夏

來　源：天南星科植物半夏 *Pinellia ternata* (Thunb.) Breit.
　　　　之乾燥塊莖。以甘草石灰液炮製過的稱「法半
　　　　夏」。以生薑與明礬共煮炮製的稱「薑半夏」。

分　布：臺灣宜蘭、臺北、花蓮等地山野及平地可見。

處方名：半夏、生半夏、製半夏、薑半夏、法半夏、半夏麴。

性　味：味辛，性溫，有毒。

歸　經：脾、胃、肺經。

功　能：燥濕化痰、消痞散結、降逆止嘔。

經 驗 方

(1) 治虛暈，心肺喘咳方：明天麻、黨參各 1 兩，何首烏、生黃芩、薏仁各 5 錢，百合、雲苓、浙貝、白芍、款冬花、半夏各 3 錢，川芎、藁本、白芷、紫菀各 2 錢，升麻 1 錢，大棗 7 枚，水煮常服。（屏東市太丞醫家中醫診所‧許一文醫師／中國藥學 62 屆‧許家晉）

說 明

天麻採收後，選擇個大、均勻、有紅色鸚哥嘴者，以水洗、去皮，蒸煮（加明礬水）、整形、烘乾，再用硫磺薰蒸，這樣色澤好，從而精製加工而成「明天麻」（切片後切面光潔、明亮、透明者）。供應出口者大多稱明天麻。天麻和明天麻都是同一品種，只是加工有粗、細之分。

(2) 三伏貼配方（增強抵抗力）：白芥子、細辛、乾薑、附子、艾葉、麻黃、半夏、杏仁、黃芩、甘草各適量，薑汁調敷。（中國藥學 57 屆‧蔡承翰／調查）

(3) 治肝發炎、口苦、食慾不振：柴胡 3 錢，人參 2 錢，黃芩、半夏、甘草各 1 錢半，生薑 3 片，大棗 3 粒，第一次 3 碗水煎成 1 碗服用，第二次 2 碗水煎成 1 碗服用。（臺中市西屯區‧林良運／中國藥學 62 屆‧游柏豪）

(4) 治肝膽發炎、膽結石：柴胡、枳實、黃芩、白芍各 2 錢，半夏 1 錢半，大黃 1 錢，生薑 3 片，大棗 3 粒，第一次 3 碗水煎成 1 碗服用，第二次 2 碗水煎成 1 碗服用。（臺中市西屯區‧林良運／中國藥學 62 屆‧游柏豪）

(5) 健胃補氣方：蓮子肉 3 錢，黨參、白朮、薏仁、半夏各 2 錢，木香、砂仁、吳茱萸、雞內金、茯苓、枳實、穀芽、含殼草、厚朴、薑各 1 錢，大棗 5 粒，水煎服。（屏東市太丞醫家中醫診所‧許一文醫師／中國藥學 62 屆‧許家晉）

編 語

(1) 生半夏潔白，粉性足。薑半夏微呈半透明狀，角質，較堅硬，一般切為 0.1 ～ 0.2 公分之薄片。法半夏粉性豐富，白色。生半夏氣微，味辛辣，麻舌而刺喉。薑半夏味微辛。法半夏味淡。

(2) 本品的生品有毒，外用為主，有抗癌作用；法半夏長於燥濕和胃；薑半夏長於止嘔。

馬氏濱藜為臺灣中、南部常見海濱植物之一

扒藤海芙蓉

來　源：藜科植物馬氏濱藜 *Atriplex maximowicziana*
　　　　Makino 之乾燥全草。

分　布：臺灣中、南部海濱沙地可見。

處方名：扒藤海芙蓉、海芙蓉、海濱藜。

性　味：味淡，性涼。

歸　經：尚無共識。

功　能：袪風除濕、消腫止痛。

經 驗 方

(1) 治風濕酸痛：一條根、一條龍各 2 兩，（扒藤）海芙蓉 1 兩，加酒燉排骨。（以上 3 味藥材為臺灣、金門、馬祖地區海濱居民常用之「祛風除濕」三寶）

(2) 小孩轉骨方：九層塔、羊奶頭各 2 兩，（扒藤）海芙蓉、狗尾草各 1 兩，燉雞服。

(3) 治骨刺：（扒藤）海芙蓉、番仔刺、狗屎黑（灰木）各 2 兩，燉尾椎骨服。

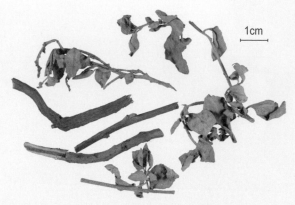

1cm

扒藤海芙蓉藥材

編 語

本品常與蘄艾、烏芙蓉、中國補血草、臺灣濱藜等，混採混用作「海芙蓉」藥材使用，但相較之下，本品的消炎、止痛作用較差。

扁豆最早載於《名醫別錄》，稱「藊豆」，列於「米部下品」。

白肉豆根

來　源： 豆科植物扁豆 *Lablab purpureus* (L.) Sweet 之
乾燥藤莖及根，以藤莖較常見。

分　布： 臺灣各地皆可見栽培。

處方名： 白肉豆根、扁豆根。

性　味： 味微苦、澀，性平。

歸　經： 大腸、膀胱經。

功　能： 補腎、消渴、化濕和中。

經 驗 方

(1) 治小兒下消：白肉豆根、白豌豆藤、白益母草、冬蟲夏草各 3 錢，豬小肚 1 個，半酒水燉服。

(2) 治赤白帶：白肉豆根、白龍船、白粗糠各 1 兩，山葡萄、龍眼根各 5 錢，燉豬腸服。

(3) 治下消、婦女赤白帶：白肉豆根、白龍船、白石榴根、荔枝根、使君子根、大金櫻根各 5 錢，燉豬腸服。

白肉豆根藥材

(4) 治小便白濁：(a) 牛蒡 2 條，白肉豆根、白龍船根各 4 兩，全水煎透後服其湯，此為二日量，10 碗水煎 4 碗，分二日早晚各服 1 碗，連服一陣子可治好（無糖尿病者可加適量紅糖）。(臺中市藥用植物研究會‧洪永富 會兄／提供) (b) 白肉豆根、白龍船、白刺莧（根）、山楊桃（根）各 1 兩，龍眼根 8 錢，水 6 碗煎成 2 碗，分二次服。

(5) 治糖尿病：小本山葡萄、白龍船各 1 兩半，白肉豆根、小飛揚、白肉穿山龍、豬母乳、破布子、紅甘蔗各 1 兩，山澤蘭、臭茄錠各 5 錢，水 12 碗煎至 3 碗，再燉排骨 1 小時，早晚飯前、睡前服用。(《臺灣常用中草藥》)

(6) 治小孩夜尿：白肉豆根、小號山葡萄各 1 兩，白粗糠、白龍船、鐵包金、荔枝根、白雞冠花、（大號）牛乳埔、蔡鼻草各 5 錢，水 8 碗煎至 3 碗，再燉尾椎骨 1 小時，早晚飯前、睡前各服用一次。(《臺灣常用中草藥》)

白花杜虹較少見，臺灣早期只產於新店的石碇山區。

白粗糠

來　源： 馬鞭草科植物白花杜虹 *Callicarpa formosana* Rolfe forma *albiflora* Sawada & Yamam. 之乾燥根或粗莖。

分　布： 臺灣早期只產於新店的石碇山區，現各地偶見栽培作藥用或觀賞。

處方名： 白粗糠、白粗糠頭、粗糠仔。

性　味： 尚無共識。

歸　經： 尚無共識。

功　能： 滋補腎水、清血去瘀。

經　驗　方

(1) 治痛風：水茗根、白粗糠、紅骨蛇、帽仔盾草、白馬屎、桑寄生、白椿根、楨梧根、臭茉莉、一條根各 7 錢，加尾冬骨燉服。

(2) 治膀胱無力、下消：（大本）牛乳埔、小本山葡萄、龍眼根、白龍船各 1 兩，白粗糠、荔枝根、白馬屎各 5 錢，水 8 碗煎 3 碗，燉小肚，可連續服。（中國醫藥大學‧黃世勳 副教授 / 提供）

(3) 治下消、婦人赤白帶：白粗糠（根）、白龍船、白肉豆根、荔枝根、龍眼根、白石榴根各 20 公克，燉小肚服。（《臺灣常用中草藥》）

1cm

白粗糠藥材

(4) 治經痛，調經理帶：白粗糠、白肉豆根、小本山葡萄各 1 兩，白花益母草、白龍船、白花虻母子頭、鴨舌癀、澤蘭各 5 錢，二次米泔水，燉豬小腸一小時，早晚服用。（《臺灣常用中草藥》）

(5) 壯陽方：羊奶頭、白龍船、白肉豆根、白粗糠各 1 兩，加米酒，和排骨一起燉湯服。（臺中市中區‧江瓊珠 / 中國藥學 58 屆‧錢若瑜、朱怡安、葉佳敏、劉峻廷）

(6) 治風濕關節痛：白粗糠 3 兩，水煎後過濾，再取煎液燉排骨，加少許米酒服食。

(7) 治老人手腳痿軟無力：白粗糠 2 兩，半酒水燉赤肉服。

白鳳菜為臺灣特有種植物之一

白鳳菜

來　　源： 菊科植物白鳳菜 *Gynura divaricata* (L.) DC. subsp. *formosana* (Kitam.) F. G. Davies 之新鮮或乾燥全草。

分　　布： 臺灣全境海濱及低海拔地區，各地亦偶見人家栽培。

處方名： 白鳳菜、白紅鳳菜、白癀菜、白鳳菊、麻糬糊。

性　　味： 味甘、淡，性寒。

歸　　經： 尚無共識。

功　　能： 清熱解毒、涼血止血、活血化瘀、舒筋活絡、利尿消腫。

經　驗　方

(1) 治腹水：白鳳菜、鐵馬鞭、鼠尾癀、竹葉草（臺灣油點草）各
1 兩，五斤草 5 錢，水煎服。（《民間常用中草藥驗方集》）

(2) 治肝硬化、肝炎：白鳳菜 1～2 兩，白右骨消、肝炎草（七劍草）
各 1 兩，荔枝草、五爪金英、咸豐草各 5 錢，水煎服。（《民間
常用中草藥驗方集》）

(3) 治肝硬化：白鳳菜、藤三七
各 1 兩，肝炎草、豨薟草、
小金英各 5 錢，水煎服。（《民
間常用中草藥驗方集》）

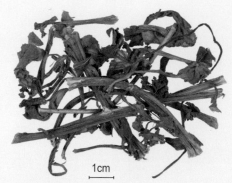

1cm

白鳳菜藥材

(4) 治肝指數過高：（新鮮）白鳳
菜適量，榨汁加蜂蜜服用。
（《臺灣本土青草實用解說》）

(5) 治肝火旺：白鳳菜適量，水煎服。（《臺灣
本土青草實用解說》）

(6) 治肺炎、肺病：萬點金 2 兩，六月雪 1.5 兩，下田菊、白鳳菜
各 1 兩，水煎加黑糖調服。（《民間常用中草藥驗方集》）

(7) 治糖尿病、高尿酸：（新鮮）白鳳菜適量，榨汁或水煎服。（《臺
灣本土青草實用解說》）

石韋喜歡附生於樹幹或岩石上

石韋

來　　源： 水龍骨科植物廬山石韋 *Pyrrosia sheareri* (Bak.) Ching、石韋 *Pyrrosia lingua* (Thunb.) Farwell 或有柄石韋 *Pyrrosia petiolosa* (Christ) Ching 之乾燥葉。

分　　布： 臺灣全境海拔 100 ～ 1,800 公尺處，附生於樹幹或岩石上。

處方名： 石韋、小石韋、飛刀劍、石劍。

性　　味： 味甘、苦，性微寒。

歸　　經： 肺、膀胱經。

功　　能： 利尿通淋、清熱止血。

臺灣中草藥圖鑑及驗方

經 驗 方

(1)治淋病、小便不利、溺時刺痛：滑石5兩，車前子3兩，石韋（去毛）、葵子（指冬葵子）各2兩，瞿麥1兩，上5味，搗篩為散。（本方稱石韋散或石韋瞿麥散）

(2)治熱淋、膀胱中熱、小便頻數：栝樓3兩、滑石2兩、石韋（去毛)5錢，上3味，搗篩為散。（本方稱滑石散）

(3)治腎結石：金錢草3兩，石韋、王不留行、雞內金、芒硝、琥珀各1兩，(川)續斷、杜仲、滑石各7錢，延胡索、牛膝各5錢，石榴樹根、木香各3錢，水煎服，每日1劑，20日為1個療程。（本方稱補腎消石湯）

石韋藥材

(4)治腎、輸尿管結石：金錢草2兩，車前子（包煎)1兩，石韋7錢，海金沙、王不留行、大黃各5錢，雞內金、牛膝、甘草各4錢，芒硝（沖服)3錢，琥珀（粉)1.5錢，每日1劑，煎湯早晚分服，10天為1療程。（本方稱三金排石湯）

(5)治泌尿道結石：海浮石、穿破石、滑尿石、石韋、硝石片各適量，水煎服，臨床有效度超過60%。（本方稱五石湯）

(6)消石散：芒硝、雞內金、石韋、五靈脂各等份，共研制細末，每次服6公克，每日3次。

星果藤為藤本植物，種植時需搭棚架以利攀爬。

印加果 (Sacha inchi)

來　源：大戟科植物星果藤 *Plukenetia volubilis* L. 之乾燥果實。

分　布：原產於南美大部分熱帶地區。在東南亞，特別是在泰國，有商業性的種植。近年來臺灣各地亦零星栽培，已成為重要的保健植物。

處方名：印加果、南美油藤、星果藤。

性　味：尚無共識。

歸　經：尚無共識。

功　能：抗氧化、降血脂、保養肌膚。

認識印加果：

(1) 本植物原生地在南美洲安地斯山脈的熱帶雨林，據稱被當地原住民食用歷史已有三千多年，其最初由印加民族馴化種植，印加語稱 Sacha inchi。

(2) 種子可製造「印加果（種子）油」，其味道溫和，帶有堅果味，適用於各種美食。曾有研究指出：成年人每天攝取 10 ～ 15 毫升，連續 4 個月，發現這種富含 α - 亞麻酸（α - 次亞麻油酸，α-Linolenic acid）的油是安全的，且傾向於增加 HDL 膽固醇的血液水平。

(3) 生的種子含有大量的生物鹼、皂角苷和凝集素，如果在烹飪前食用，可能有毒，但會因烘烤而降解。

(4) 烤過的種子可作堅果食用，也可以將烤過的葉子咀嚼或製成茶。儘管其未加工的種子和葉子中含有毒素，但這些成分在烘烤後可以安全食用。

(5) 它的經濟效益在於種植兩年後，每棵植株通常一次可收穫多達 100 個乾果，每次可以收穫 400 ～ 500 粒種子。

(6) 未加工的種子是不可食用的，但是去殼後烘烤會使它們變得可口。

星果藤正要開花

印加果（種子）油的探討：

(1) 背景：在國人飲食分析中，現今國人 Omega-6 多元不飽和脂肪酸已有過多的攝取量，為了避免國人攝油品質產生失衡的狀態。積極推動油質均衡攝取，實有其必要性，惟現今國人對 Omega-3 脂肪酸的攝取往往不足。具有 Omega-3 飲食概念的常見食物，包括海藻、深海魚、核桃、亞麻仁油等，如何吃好油使人體攝入 Omega-3、Omega-6 多元不飽和脂肪酸的量，二者能保有一定的比例關係，以維持人體正常的功能運作，已成為食品營養界的重要課題。

(2) 印加果油的優勢：據臺灣國內知名雜誌《林業研究專訊》2015; 22(4): 42-45. 許俊凱及李雅琳對印加果進行發芽、栽植外，也進行其種子油脂的分析，發現種子含油率為 47.2%，而脂肪

星果藤的果實有 4～7 瓣的莢膜

酸比例部分，單元不飽和脂肪酸占了 12.7%，Omega-6 不飽和脂肪酸則為 37.9%，Omega-3 不飽和脂肪酸則為 45.9%，合計不飽和脂肪酸比例高達 96.5%。除此，文章亦指出印加果種子之油脂還含有甾醇、多酚、生育酚等多種脂質活性成分；也富含蛋白質 (26～33%)，含量僅次於大豆，種子中的蛋白質由 18 個胺基酸所組成，其中包含了 8～9 種人體必需胺基酸，種子壓榨後之餅粕還可供作高蛋白食品。兩人對印加果種子油脂的脂肪酸組成分析表如下：

脂肪酸種類	C16:0 棕櫚酸	C18:0 硬脂酸	C18:1 油酸 (ω-9)	C18:2 亞油酸 (ω-6)	C18:3 亞麻酸 (ω-3)
百分比 (%)	3.0	0.4	12.7	37.9	45.9

(3) 保健活性：印加果油中生育酚主要為 γ 和 α 生育酚，含量約 2,000 毫克 / 千克，高含量的維生素 E 和多酚使其本身具備良好的抗氧化，及清除自由基能力。可應用於食品、保健品、藥品、化妝品等。現代

星果藤的果實成熟時，果皮中含有柔軟而潮濕的黑色果皮，難以食用，故通常在採收前，先在植物體上晾乾。

藥理研究主要發現印加果油具有調整血脂、預防心血管疾病、保養肌膚等顯著功效。

說 明

生育酚 (tocopherol) 為維生素 E 的水解產物，天然的生育酚都是 d- 生育酚 (右旋型)，它有 α、β、γ、δ 等 8 種同分異構體，其中以 α- 生育酚的活性最強。

艾草隨處可見

艾頭

來　源： 菊科植物艾 *Artemisia indica* Willd. 之乾燥根。

分　布： 臺灣各地平野、山地廣泛自生。

處方名： 艾頭、艾根。

性　味： (根於文獻未載) 葉、果實味苦、辛，性溫。

歸　經： (根於文獻未載) 葉歸肝、脾、腎經。

功　能： 祛風、止痛。

經驗方

(1) 治頭風痛：(a) 帽仔盾頭 4 兩、艾頭 1 兩、川芎 3 錢、當歸 2 錢，加水燉烏骨雞肉適量服。(b) 血藤、芙蓉頭、艾頭、雞屎藤、虎刺（伏牛花）各 1 兩，水煎作茶飲。(c) 艾頭、蔡鼻草、七葉埔姜頭各 1 兩，芙蓉頭、走馬胎各 5 錢，水酒燉雞頭服。
（《民間常用中草藥驗方集》）

(2) 治婦人頭痛、前額痛：黃花三腳破、土煙頭、水蜈蚣、艾頭各 1 撮。若頭暈痛，可加埔姜頭 1 兩。水煎湯去渣，燉豬腦服。（《民間常用中草藥驗方集》）

艾頭藥材

(3) 治頭風（日出即痛，日暮頭痛即止）：右骨消根 2 兩，艾頭、土牛膝各 1 兩，芙蓉頭、走馬胎各 5 錢，雞頭或雞肉適量，半酒水燉服。（《民間常用中草藥驗方集》）

(4) 治頭風、偏頭痛：白馬骨（曲節草）、（小本）山葡萄、艾頭、白龍船、七葉埔姜頭各 1 兩，加豬瘦肉適量燉服。
（《民間常用中草藥驗方集》）

(5) 治頭風、頭痛：艾頭 4 兩，燉豬腦或雞頭服。（《臺灣本土青草實用解說》）

青草藥鋪常見販售新鮮艾草（全草），主要供婦科、傷科、辟邪使用。其嫩葉用苦茶油煎蛋吃，亦可治頭痛。

(6)「蟻香」配方：艾草（全草，以莖、葉為主）、土煙頭、藿香、茵陳蒿、香附、澤蘭等各適量，一起研末製香。（彰化縣藥用植物學會 · 戴木村 理事長 / 提供）

雷公根是常見的匍匐草本植物

含殼仔草

來　源： 繖形科植物雷公根 *Centella asiatica* (L.) Urban
之乾燥全草 (或帶根全草)。

分　布： 臺灣全境草地、田邊、山野、路旁、溝邊低濕處。

處方名： 含殼仔草、老公根、積雪草。

性　味： 味苦、辛，性寒。

歸　經： 肝、脾、腎經。

功　能： 消炎解毒、涼血生津、清熱利濕、止瀉。

經驗方

(1) 治長期腸胃炎：新鮮含殼仔草 1～2 兩，雞蛋 2 個，取含殼仔草切碎，再和蛋一齊打混，待麻油熱鍋後，將材料倒入煎到熟後，再放入「料理米酒」，等冒白煙時起鍋即完成，直接食用。（臺中市藥用植物研究會 · 蔡裕輝老師 / 提供）

(2) 治長期胃寒：新鮮含殼仔草炒麻油後，加酒放入母雞腹中，縫起放入鍋中燉煮，吃肉喝湯。（臺中市藥用植物研究會 · 蔡裕輝老師 / 提供）

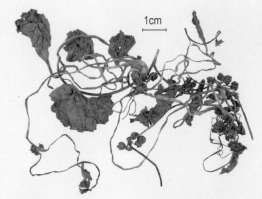

含殼仔草藥材

(3) 治黃疸性肝炎：含殼仔草、鼠尾癀、虎杖、車前草、烏蕨各 1 兩，水煎服。

(4) 治腎炎：含殼仔草、筆仔草、蒲公英、鳳尾草、大薊根各 5 錢，水煎服。

(5) 治各種下痢特效：含殼仔草、呼神翅、金榭榴（人莧）、鳳尾草各 1 兩，紅乳仔草、雞屎藤各 5 錢，水煎加紅糖服。

(6) 治中暑吐瀉腹痛：含殼仔草、咸豐草各 1 兩，樟根 3 錢，水 3 碗煎成 1 碗，渣再煎，二次煎液混合分服。

青草藥鋪常見販售新鮮雷公根

(7) 治跌打損傷：新鮮含殼仔草 6 兩，洗淨搗汁，調酒適量，燉溫服。

杜仲結果實

杜仲

來　　源：杜仲科植物杜仲 *Eucommia ulmoides* Oliv. 之
　　　　　乾燥樹皮。

分　　布：臺灣偶見栽培。

處方名：杜仲、(黑) 北仲、炒杜仲、絲杜仲、綿杜仲、
　　　　　厚杜仲。

性　　味：味甘，性溫。

歸　　經：肝、腎經。

功　　能：補肝腎、強筋骨、安胎。

臺灣中草藥圖鑑及驗方

經驗方

(1) 治腰骨閃痛：熟地 2 兩，白朮 1 兩，補骨脂、黑北仲（指杜仲）、防己各 3 錢，水 5 碗煎 3 碗。可重複 2 ～ 3 次煎煮，水 3 碗煎 1 碗。（臺中市藥用植物研究會・第 14、15 屆常務理事 葉源河 / 提供）

(2) 治打掃疲勞（腰痠亦可用）：黑北仲、當歸各 3 錢，用碗 8 分水燉服。（臺中市藥用植物研究會・第 14、15 屆常務理事 葉源河 / 提供）

杜仲藥材，習稱「黑北仲」。

(3) 治尾冬骨挫傷：黑北仲、當歸、延胡、川七各 3 錢，肉桂 2 錢，乳香、沒藥各 1 錢半，二碗水煎八分。（臺中市藥用植物研究會・第 14、15 屆常務理事 葉源河 / 提供）

(4) 降肝功能指數 GOT、GPT：臭川芎、茵陳蒿、杜仲各 5 錢，水煎服。（彰化縣秀水鄉馬興村，黃世勳於 2018 年 7 月調查）

(5) 降血壓保健茶：石決明 5 錢，杜仲 4 錢，天麻、鉤藤（後下）、懷牛膝、益母草、桑寄生、夜交藤、茯神各 3 錢，山梔子、黃芩各 2 錢，水 1,000 c.c.，大火滾開後，加入鉤藤，轉小火煮 15 分鐘，即可適溫服用。（本方源於清末民初的「天麻鉤藤飲」，適用於肝陽上亢型高血壓，但如果是腎因性高血壓就效果不佳。此方能降壓止眩、活血通絡，適用於高血壓眩暈、高血壓頭痛、壓力型頭痛、中風後遺症等）

(6) 降尿酸：杜仲 3 錢，當歸、熟地、桂枝、（懷）牛膝、知母、鱉甲、續斷、紅參、鑽地風各 2 錢，甘草、茯苓各 1 錢半，水二碗煎一碗服用。（宜蘭市・鄭美瑛 / 中國藥學 58 屆・林劭恩）

到手香通常扦插即活，容易照顧。

到手香

來　　源：唇形科植物到手香 *Plectranthus amboinicus* (Lour.) Spreng. 之新鮮地上部分。

分　　布：臺灣全境多見人家栽培供藥用。

處方名：到手香、著手香、左手香。

性　　味：味辛，性微溫。

歸　　經：尚無共識。

功　　能：芳香化濁、開胃止嘔、發表解暑。

經 驗 方

(1) 治高燒不退：到手香（鮮品）、白茅根（鮮品）各 4 兩，燒成茶水飲用，通常半斤材料用 2,000 c.c. 水煮茶。（臺中市藥用植物研究會 · 第 16、17 屆常務監事，第 18 屆常務理事 張文智 / 提供）

(2) 退火、退燒：（新鮮）到手香適量，攪成汁加蜂蜜，服約 1 杯(50 c.c.) 的量。（臺中市太平區 · 吳進義 / 中國藥學 57 屆 · 吳欣怡）

(3) 治喉嚨痛、發不出聲音：到手香（鮮葉）適量，洗淨搗爛後濾出汁液，加入少許鹽巴，即可服用。（苗栗縣造橋鄉 · 吳雲禎 / 中國藥學 56 屆 · 何昜儒）

新鮮「到手香」藥材（**箭頭處**）是青草藥鋪的熱銷商品，且以鮮品使用為主。

(4) 治蜂窩性組織炎：活力菜、蘆薈（去皮）、到手香各適量（皆取鮮品），加少量新鮮薄荷，搗爛外敷。

(5) 治咳嗽、喉痛：取（新鮮）到手香嫩葉嚼碎，混鹽巴含在口中。（南投縣草屯鎮 · 小神農藥草舖 / 中國藥學 58 屆 · 李睿）

(6) 消瘀青、消炎：（新鮮）到手香葉子適量，搗碎後敷在患處，注意患處不可有傷口；或打成果汁加蜂蜜飲服。（臺中市大里區 · 柳林梅蘭 / 中國藥學 58 屆 · 柳侑宏）

枇杷開花並不顯眼

枇杷葉

來　　源： 薔薇科植物枇杷 *Eriobotrya japonica* Lindley 之乾燥葉。

分　　布： 目前以臺中市、南投縣、苗栗縣、臺東縣等為主要栽培區，作經濟果樹栽植，尤以中部一帶栽植最多，至於上述 4 區以外各地亦可見人家庭園零星種植。

處方名： 枇杷葉、炙杷葉。

性　　味： 味苦，性平 (或謂微寒)。

歸　　經： 肺、胃經。

功　　能： 清肺止咳、和胃降逆。

經驗方

(1)治肺炎，癆傷嗽、喘、痰方：枇杷葉（刷去毛、蜜炙）、人參、甘草各1錢，（生）黃連、黃柏各3錢，桑白皮（鮮者）6錢，魚腥草、生北耆5錢，百合3錢，杏仁、冬蟲、紫菀各2錢，蔓荊子1錢，甜珠草5錢，炙甘草7錢，大棗3粒，葱白、桔梗、鬱金各2錢，雲苓3錢，水煎服。（屏東市太丞醫家中醫診所・許一文醫師/中國藥學62屆・許家晉）

清代《植物名實圖考》之「枇杷」繪圖

說明

茯苓藥材的道地產地在雲南，故有「雲苓」之稱，不過現在雲苓也是栽培品種的，產量較大，不過比較老的、有名的中醫師肯定開方會寫「雲苓」，但藥行一般不會專門準備「雲苓」的，通常也就拿茯苓了。不過平時吃藥應該也沒有太大的差別，因為中藥使用多為複方製劑，只要不是主藥，應該關係不大。

枇杷葉藥材　　1cm

(2)化痰、止咳、潤肺方：枇杷葉、布渣葉、龍利葉各5錢，桔梗、北杏（苦杏）、桑白皮各3錢，陳皮2錢，3碗半水煎成1碗，二煎改3碗水煎成8分碗，每日1劑，早晚各服藥1碗，連服3劑，未斷尾者可加服2劑藥。（本方能瀉肺火、清肺熱、潤肺氣、健脾和胃、理氣平喘、化痰止嗽）

(3)治咳嗽，喉中有痰聲：枇杷葉25公克，杏仁、陳皮各10公克，川貝3公克，為末，每服5～10公克，開水送下。

(4)治肺熱咳嗽：桑白皮12公克、枇杷葉9公克、黃芩6公克，水煎服。或蜜炙桑白皮15公克、蜜炙枇杷葉12公克，水煎服。

(5)回乳：枇杷葉（去毛）5片、牛膝9公克，水煎服。

編語

胃寒嘔吐及肺感風寒咳嗽者應忌服本品。另本品止咳宜炙用，止嘔宜生用。

蘄艾為園藝上常被栽培的植物，除了觀賞價值，亦具避邪的民俗意義。

芙蓉葉

來　源：菊科植物蘄艾 *Crossostephium chinense* (L.)
　　　　Makino 之乾燥嫩枝及葉。

分　布：臺灣北部海岸、澎湖、綠島、馬祖和蘭嶼的珊
　　　　瑚礁岩上，各地也常見人家栽培。

處方名：芙蓉葉、海芙蓉葉、千年艾。

性　味：味苦、辛，性微溫。

歸　經：尚無共識。

功　能：祛風濕、散風寒、化痰利濕、解毒消腫。

經 驗 方

(1) 治上呼吸道感染、氣管炎、百日咳：芙蓉(葉)9 ～ 15 公克，水煎服。

(2) 治癤癰、乳腺炎、皮膚濕疹：取芙蓉(葉)9 ～ 15 公克，水煎服或用鮮葉搗敷患處，亦可煎湯做洗劑。

(3) 避邪：芙蓉葉 7 心、林草葉 7 葉(三出葉)，鹽、米各 1 把，泡熱水擦拭身體。

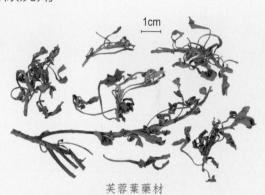

芙蓉葉藥材

(4) 解胎毒：新鮮芙蓉葉適量，打汁灌新生兒服，(臺中市大甲區驗方)

(5) 使女孩成年能玲瓏有緻(身材曲線良好)：新鮮芙蓉葉適量，炒一下麻油撈起，煎蛋服，連服數次。此方應於女孩初經剛來時服用。(臺中市大甲區驗方)

(6) 治風濕酸痛：芙蓉頭、一條根、牛奶埔、楠梧頭各 2 兩，燉排骨服。

(7) 幫助小孩發育：芙蓉頭 4 兩，用酒炒過，再燉雞服。

(8) 治月內風、久年關節抽痛：芙蓉頭(含根)約 2 兩，燉雞或豬腳服。

(9) 治頭風、月內風：芙蓉頭、艾頭、大風草頭各 2 兩，燉排骨服。

番石榴是常見果樹

芭樂根

來　　源： 桃金孃科植物番石榴 *Psidium guajava* L. 之乾燥根 (或根皮)。

分　　布： 臺灣全境各地普遍栽培，亦有野生於山坡上。

處 方 名： 芭樂根、番石榴根、拔仔頭、那拔根。

性　　味： 味澀、微苦，性平。

歸　　經： 尚無共識。

功　　能： 收斂止瀉、止痛斂瘡、倒陽，為著名的制慾劑，常用於降血糖。

臺灣中草藥圖鑑及驗方

經 驗 方

(1) 治糖尿病：(a) 狗尾草 5 錢、芭樂根 4 錢、青皮鴨蛋 2 枚，燉服。(b) 芭樂根 18 公克，與黑狗鞭一起燉服。(c) 破布子（二層皮）、白粗糠各 1 兩，芭樂心（葉）、大風草各 5 錢，水煎服。(d) 芭樂葉（嫩芽）、尤加利葉（嫩芽）各 6 錢，水煎服。(e) 芭樂葉（嫩芽）10 枚，亦可添加香椿葉適量，水煎服。(f) 芭樂未成熟果實（在欉黑如鐵丸子，用槌子槌破尤佳）切片曬乾，煎水當茶飲。

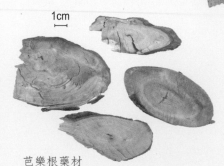

1cm

芭樂根藥材

(2) 治癰瘡潰不癒合：芭樂根適量，水濃煎，加生薑、冰糖搗拌，貼敷患處。

(3) 治牙痛：一般牙痛多是牙周病造成，蛀牙用芭樂心芽咀嚼即止或芭樂根皮加白醋煎，含漱治之。

(4) 治胃脘痛：芭樂根、白茅根各 1 兩，水煎服。

編 語

芭樂根煎劑對小鼠抗生育、抗著床、抗早孕和中期引產都有明顯的效果；給藥途徑以腹腔注射效果為最好，皮下給藥次之，口服幾乎無效；對小鼠 離體及在體子宮都有增強收縮的作用，尤其是妊娠子宮更為敏感；與攝護腺素 E_2(prostaglandin E_2) 合用時對小鼠抗早孕和興奮離體子宮都有明顯的協同作用；其作用機理可能是損害胎盤滋養葉細胞，引起變性、壞死，也可能是干擾黃體酮的分泌。芭樂根抗生育有效成分可能是鞣質類成分。

正處於花期的虎杖

虎杖

來　　源：蓼科植物虎杖 *Polygonum cuspidatum* Sieb. & Zucc. 之乾燥根及根莖。

分　　布：臺灣中央山脈海拔 2,000 ～ 3,800 公尺地區。

處方名：虎杖、黃肉川七、(土) 川七。

性　　味：味微苦、酸，性微寒。

歸　　經：肝、膽 (、肺) 經。

功　　能：利膽退黃、祛風利濕、散瘀止痛、止咳化痰。

臺灣中草藥圖鑑及驗方

經驗方

(1) 治上消化道出血：虎杖 30 公克，神麴 10 公克，炮薑炭、白及各 6 公克，水煎 2 次，混合，濃縮至 90～120 毫升。每次服 30 毫升，每日 3～4 次，每日 1 劑，血止後再服 2 劑以穩定療效。

(2) 治跌打損傷：(a) 火炭母草（根）、黃金桂、桂花根各 1 兩，虎杖 5 錢，半酒、水燉排骨服。（《臺灣本土青草實用解說》）(b) 虎杖 30 公克，當歸尾 15 公克，牛膝 10 公克，紅花 5 公克，川芎 3 公克，水煎服，每日 3 次，每次加米酒 20 毫升沖服。

虎杖藥材

(3) 降血脂：(a) 桑寄生 1 兩，虎杖 5 錢，水煎服。（《臺灣本土青草實用解說》）(b) 虎杖 1,000 公克，烘乾，研細末，每次取 5 公克，用開水沖服，每日 3 次。

(4) 治骨刺：白馬屎 2 兩，黃金桂、一條根、椬梧（頭）各 1 兩，虎杖、菝 各 5 錢，加酒燉尾椎骨服。（《臺灣本土青草實用解說》）

(5) 治黃疸型肝炎：（新鮮）虎杖 50 公克（乾品 20 公克），水煎加糖少量服，每日 3 次。

(6) 治膽囊炎：虎杖 20 公克，茵陳、澤瀉、茯苓、白芍、柴胡各 10 公克，水煎服，每日 1 劑，分 2 次服。

編 語

民間視虎杖藥材為解氣血鬱之藥，凡結胸、瘀血、滯氣諸證，皆可配用。虎杖應用於跌打，可代用中藥三七，因其為臺灣本地產，故又名本川七、土三七；又因其對傷科疾病療效可媲美七厘散，亦別稱大七厘、七厘。

白花草也喜歡長於海濱

虎咬癀

來　源：唇形科植物白花草 *Leucas chinensis* (Retz.) R. Br. 之乾燥全草。

分　布：臺灣大部分地區中、低海拔灌叢、草地、路旁及海濱。

處方名：虎咬癀、白花草、白花仔草。

性　味：味甘、微辛，性平。

歸　經：尚無共識。

功　能：清肺止咳、清熱解毒、補腎、消炎。

經驗方

(1) 解熱方：虎咬癀、大丁癀、釘地蜈蚣、魚腥草各 1 兩，其中魚腥草需後下，水煎服。

(2) 消腫良方：五癀湯（大丁癀、茶匙癀、虎咬癀、鼠尾癀、雙柳癀各 1 兩）、釘地蜈蚣 1 兩、車前草 5 錢、含殼仔草 5 錢，水煎服。（中華中青草藥養生協會 · 蔡和順 創會理事長 / 提供）

(3) 治帶狀疱疹：釘地蜈蚣、白茅根、五癀湯（大丁癀、鼠尾癀、茶匙癀、虎咬癀、柳枝癀）、金銀花、甘草各適量，煎水服。另可採臭川芎、遍地錦或香菜（芫荽），擇一新鮮搗敷傷口。（臺中市青草街 · 陳輝霖老師，2019 年 1 月）

(4) 治急性腸炎：山橄欖根（即木魚，又稱三腳鱉）2 兩，小飛揚、鳳尾草、白花草各 1 兩，水煎代茶喝。（《民間常用中草藥驗方集》）

(5) 治尿道炎、小便黃：筆仔草、虎咬癀各 1 兩，水煎服。

(6) 治黃疸型肝炎：茵陳蒿、虎咬癀各 1 兩，水煎服。

(7) 治慢性盲腸炎：咸豐草、虱母子頭各 1 兩，白花草 5 錢，八角蓮 3 錢，水煎服。（臺灣民間方）

1cm

虎咬癀藥材

阿里山十大功勞於大陸地區亦可見，但近來臺灣各處高山多見栽培。

阿里山十大功勞

來　源：小檗科植物阿里山十大功勞 *Mahonia oiwakensis* Hayata 之乾燥根及莖。

分　布：臺灣全境海拔 2,000 ～ 3,500 公尺山區。

處方名：十大功勞 (根)、山黃柏、刺黃柏、鐵八卦、黃心樹。

性　味：味苦，性寒。

歸　經：脾、肝、大腸經。

功　能：清熱、解毒、燥濕、消腫、抗菌。

經 驗 方

(1) 治腹瀉：十大功勞（莖、根）去粗皮，研細末，裝膠囊，每粒 0.3 公克，每次 3 粒，1 日 4 次。

(2) 治咽炎、口腔炎：十大功勞鮮根、射干各等份，磨米泔水含咽。

(3) 治骨盆腔炎：十大功勞根、金銀花各 9 公克，紫花地丁 30 公克，水煎服。

(4) 治腸炎、痢疾：(a) 鳳尾草、紅乳仔草各 1 兩，十大功勞根 5 錢，水煎服。(b) 桃金孃（根）30 公克，十大功勞（莖）、鳳尾草各 15 公克，水煎服。

(5) 治肺結核：十大功勞根、紫珠草、百部、龍骨、牡蠣各 9 公克，白及 6 公克，水煎服。

(6) 治目赤腫痛：十大功勞（莖）、野菊花各 15 公克，水煎服。

(7) 治火牙：十大功勞（莖）60 公克，煎水，頻含嗽。

(8) 治濕疹、瘡毒、燙火傷：十大功勞（鮮莖）、苦參各 60 公克，煎水洗患處，或燒乾為末，麻油或凡士林調成 20 公克油膏外擦，或紗布上敷患處。

阿里山十大功勞藥材，此圖以根入藥。

編 語

本品對脾胃虛寒者宜慎服，為臺灣高山特產藥材。但可和同屬多種植物（例如：細葉十大功勞、華南十大功勞等）混採混用，以根入藥，藥材名稱「十大功勞根」【主成分為小蘗鹼 (berberine)】，功效同本品，一般青草藥舖購得者，多為大陸進口。

青葙為鄉野常見保健植物之一

青葙子

來　　源：莧科植物青葙 *Celosia argentea* L. 之乾燥成熟
　　　　　種子。

分　　布：臺灣全境平野、荒地、坡地、田間、路旁常見。

處方名：青葙子、炒青葙子、野雞冠花子、狗尾巴子。

性　　味：味苦，性微寒。

歸　　經：肝經。

功　　能：清肝、明目、退翳。

經 驗 方

(1) 治肝熱目赤腫痛，畏光流眼淚，頭脹頭疼：青葙子（包煎）、桑葉、菊花、木賊各 3 錢，龍膽草 1 錢，水煎服。

(2) 治目生翳膜，視物不清：青葙子（包煎）、穀精草各 5 錢，水煎服。

(3) 治急性結膜炎，目赤羞明：青葙子（包煎）、密蒙花、菊花各 3 錢，水煎服。

(4) 治視網膜出血：青葙花 60 公克，水煎去渣，熏洗患眼。

青葙子藥材

(5) 治頭痛眼花，眉稜骨痛：夏枯草 15 公克、青葙子（包煎）10 公克、蓮蓬 3 個、野菊花 6 公克，水煎分 2 次服。

(6) 治月經過多：青葙子（包煎）60 公克，瘦豬肉 90 公克，一起燉服，喝湯吃肉。

(7) 治高血壓：青葙子（包煎）30 公克，水煎兩回，取汁混勻，分 3 次服，每日 1 劑，療程為 1 星期。

(8) 治女性外陰搔癢：青葙子、青葙（莖、葉）各 100 公克，苦參 50 公克，千里光 30 公克，煎水熏洗患處。

編 語

本品有擴散瞳孔作用，青光眼及瞳孔散大者禁用。另本品以清瀉肝經實火見長，有退翳明目之功。

香茹為澎湖重要的特色藥用植物

南香茹

來　源：菊科植物香茹 *Glossocardia bidens* (Retz.) Veldkamp 之乾燥全草。

分　布：僅見於澎湖及臺灣南部濱海地區。

處方名：(南) 香茹、風茹草、山參仔、金鎖匙、鹿角草。

性　味：味微辛、甘、微苦，性涼。

歸　經：尚無共識。

功　能：清熱解毒、清涼降火、利濕消腫、活血化瘀。

經 驗 方

(1) 治肝硬化二味方：南香茹、小號碎米蕨各 1.5 兩，9 碗水煎煮成 3 碗，三餐飯後各飲用 1 碗。(客戶經驗方/阿賢青草行・陳錫賢老師 提供)

(2) 澎湖青草茶：澎湖人於夏、秋間採開黃色小花的南香茹，成熟高度約 20～30 公分，連根整株拔起再曬乾，煮茶加黑糖即可飲，是夏季消暑、退火、解渴的最佳飲料。

南香茹藥材

(3) 清涼消暑：南香茹 3 兩，水 20 碗，快火煮開，慢火煮 1 小時，可加點冰糖或紅糖。

(4) 保肝降火：南香茹、黃花蜜菜、咸豐草、七層塔、仙草、桑枝、薄荷各適量，其中薄荷需後下，煮水當茶喝。(《臺灣本土青草實用解說》)

編 語

(1) 香茹和蘆薈、仙人掌並稱為「澎湖三寶」，俗稱南香茹、風茹草，具有耐旱、耐風、耐鹽、耐貧瘠等逆境成長的能力，極適合於離島澎湖生長。多數為野生，中藥行也常作為藥引，具有保肝功能。

(2) 本品常用於中暑吐瀉、感冒發熱、濕熱浮腫、帶狀疱疹、齒齦炎、背痛、急性扁桃腺炎、腸炎、腹瀉、尿道炎等治療。

大花咸豐草是極具侵略性的歸化雜草，目前已成為臺灣低海拔之優勢族群。

咸豐草

來　　源：菊科植物大花咸豐草 *Bidens pilosa* L. var. *radiata* Sch. Bip. 或咸豐草 *Bidens pilosa* L. var. *minor* (Blume) Sherff 之乾燥全草。

分　　布：(1)大花咸豐草：臺灣全境低海拔地區隨處可見。
　　　　　(2)咸豐草：臺灣中海拔山區尚可見。

處方名：咸豐草、含風草、恰查某、鬼針草。

性　　味：味甘、淡，性涼。

歸　　經：肝、腎經。

功　　能：清熱、解毒、散瘀、利尿。

經 驗 方

(1) 治野外刀傷流血：咸豐草（鮮葉）18 葉，視傷口大小覆蓋傷口，用口咀嚼後敷即止血。（臺中市藥用植物研究會 · 第 16 屆理事 陳茂盛 / 提供）

(2) 治急性黃疸型傳染性肝炎：茵陳蒿（根）、黃枝根、山茶頭、咸豐草根、五爪金英根各 2 兩，土蜆 1 斤，水淹過草，用大火煮滾轉小火煮 3 小時，倒起來吃 3 天。（臺中市藥用植物研究會 · 第 19、20 屆監事 謝萬福 / 提供）

咸豐草藥材

(3) 降血糖：馬齒莧、咸豐草、山苦瓜藤、香椿、土人參各 2 兩，水淹過草，用大火煮滾轉小火煮 3 小時，倒起來吃 3 天。（臺中市藥用植物研究會 · 第 19、20 屆監事 謝萬福 / 提供）

(4) 治慢性盲腸炎：咸豐草、艾頭各 2 兩，枸杞根、鳳尾草各 1 兩，加鹽少許，水煎服。（《臺灣常用中草藥》）

(5) 降肝火：鬼針草（指咸豐草）1 兩，煎湯內服。（南投縣草屯鎮 · 張玉雲 / 中國藥學 58 屆 · 李睿）

(6) 治盲腸炎：（新鮮）咸豐草 1 把，洗淨搗汁，加蜂蜜服。（雲林縣中草藥植物學會 · 張武訓 理事長 / 提供）

(7) 治瀉痢重症：咸豐草 3 兩，天芥菜（紅丁豎杇）2 兩半，威靈仙 1 兩半，茜草 1 兩，研粉服。（雲林縣中草藥植物學會 · 張武訓 理事長 / 提供）

(8) 治嘔吐不止：（新鮮）咸豐草 1 把，洗淨搗汁，加鹽少許服。（雲林縣中草藥植物學會 · 張武訓 理事長 / 提供）

枸杞處於盛花期

枸杞根

來　　源：茄科植物枸杞 *Lycium chinense* Mill. 之乾燥根。

分　　布：臺灣全境低海拔地區，生於山坡、田野向陽乾燥處，或見人家栽培。

處方名：枸杞根、枸杞頭、土地骨。

性　　味：味甘，性寒。

歸　　經：肺、腎經。

功　　能：涼血、解毒、消炎、去骨火、清肺熱。

經 驗 方

(1) 治慢性盲腸炎：艾頭、恰查某頭各 80 公克，鳳尾草、枸杞根
各 40 公克，加鹽少許，水煎服，特效。

(2) 降血糖：紅骨蛇（此處指蓼科植
物紅雞屎藤之根及藤莖）、枸杞
根各 40 公克，水煎服。

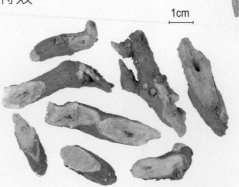

1cm

(3) 治眼炎：枸杞根 75 ～ 110 公克，
燉豬小肚或赤肉服。

(4) 治眼結膜炎：枸杞根、白花蛇
舌草、桑根、鼠尾癀各 10 公克，
水煎服。

枸杞根藥材

(5) 治眼痛：小本山葡萄、枸杞根、白馬
屎各 40 公克，水煎汁，蒸雞肝服。

(6) 治眼白出血：紅根仔草、千里光、決
明子、枸杞根各 1 兩，散血草、甘杞
各 5 錢，水煎服。（臺灣民間驗方）

(7) 治眼睛紅腫：鈕仔茄根 2 兩，煎藥汁，
再取藥汁，加新鮮枸杞葉 2 兩、雞蛋
2 個，煮成蛋花湯服。

(8) 治血濁、高血壓：馬鞭草、枸杞根各
2 兩，水煎服。如果血濁嚴重，可再
加萬點金、角菜各 1 兩。（《民間常用中草
藥驗方集》）

清代《植物名實圖考》之
「枸杞」繪圖

蚌蘭也是校園常見景觀植物 (2021.1.24 攝於臺中一中)

紅川七

來　源： 鴨跖草科植物蚌蘭 *Rhoeo discolor* (L'Hér.) Hance
之新鮮或乾燥葉、花序。

分　布： 臺灣各地多見觀賞栽培。

處方名： 紅川七、紅三七、蚌蘭葉、蚌蘭花 (荷包花、
菱角花)、紫萬年青。

性　味： 葉、花序皆味甘、淡，性涼。

歸　經： 尚無共識。

功　能： 葉能清熱涼血、止血去瘀、潤肺解鬱。花序能
清肺化痰、涼血、止痢。

經 驗 方

(1) 治感冒咳嗽、咳痰帶血、百日咳、鼻衄、菌痢：蚌蘭花（乾品）20～30朵（或1～2兩），水煎服。（廣州部隊《常用中草藥手冊》）

(2) 治感冒咳嗽（止咳、解鬱）：（新鮮）紅川七4～6葉，百合、（紅骨）雞屎藤各2兩，仙鶴草、魚腥草、紅竹葉、枸杞各1兩，紅棗8粒，老薑1～2兩，水3,000 c.c.，煮好可加入少許純蜜或椰子、黑糖（有糖尿病也可用）。先將草本食材洗淨後

青草藥鋪常見販售新鮮「紅川七」藥材，且以鮮品使用為主。

備用，再與其他材料加水一同置入鍋中，先以大火煮滾後，改以小火煮40～50分鐘，過濾後即可依3餐飯後服完。冷咳（痰為清白者）可加福肉2兩或黃精，會喘咳可另加紅酒。（臺中市藥用植物研究會‧胡文元 理事長／提供）

(3) 治喉嚨痛：蚌蘭花適量，加水熬煮，加點冰糖服。（臺南市‧陳綠萍／中國藥學57屆‧杜俊緯）

(4) 治久咳不癒：蚌蘭葉（鮮品）適量，水煮20分鐘，溫熱服用。（《臺灣本土青草實用解說》）

(5) 治講話太多，喉嚨發炎：蚌蘭葉（鮮品）適量，水煎當茶飲。（《臺灣本土青草實用解說》）

(6) 夜間咳嗽不止：蚌蘭（鮮品）1棵，取葉片煮水喝。（《臺灣本土青草實用解說》）

(7) 治咳嗽：長柄菊4兩，福祿桐、蚌蘭葉各2兩，燒成茶水飲用，半斤草用2,000 c.c.水煮茶。（臺中市藥用植物研究會‧第16、17屆常務監事，第18屆常務理事 張文智／提供）

編 語

(1) 蚌蘭目前被接受學名（accepted name）為 *Tradescantia spathacea* Sw.。（2021年依 the plant list 查詢）

(2) 金門、大陸福建地區習慣稱蚌蘭為「紅竹葉」。

朱蕉在景觀植物中，顏色很突出。

紅竹葉

來　源：百合科植物朱蕉 *Cordyline fruticosa* (L.) A. Cheval.
　　　　之新鮮或乾燥葉。

分　布：臺灣各地多見觀賞栽培。

處方名：紅竹葉、朱蕉葉。

性　味：味甘、淡，性平 (或謂微寒)。

歸　經：肝、肺經。

功　能：清熱、涼血、止血、散瘀、止痛。

經　驗　方

(1) 治久咳、吐血：紅竹葉 2 兩，水煎服。（《臺灣本土青草實用解説》）

(2) 袪傷解鬱：紅竹葉、紅田烏各 2 兩，水煎服。（《臺灣本土青草實用解説》）

(3) 治攝護腺肥大：紅竹葉、紅刺莧、車前草各半斤，水煎分 3
天服。（《臺灣本土青草實用解説》）

(4) 治咳嗽：扁柏葉 20 公克、(鮮) 呼神翅 100 公克、紅竹葉 2 ～
3 枚，水煎，沖冬蜜服，可清肺火，治吐血、咳嗽。

(5) 治咳嗽：紅竹葉適量，水煮作茶飲，飲用時加少許糖食用。（彰
化縣彰化市 · 賴阿桃 / 中國藥學 62 屆 · 吳宜蓁）

(6) 治血小板減少性紫癜：白茅根、仙鶴草各 1 兩，紅竹葉、杜
虹花葉各 6 錢，水 5 碗煎 2 碗，分 2 次服。

(7) 治癆傷吐血、鼻衄、咳嗽：紅川七、紅竹葉各 1 兩半，豬瘦
肉 4 兩，米泔水 (第二次洗米水)5 碗煎 2 碗，去渣，加入豬
瘦肉，燉爛，分 2 次服。

(8) 治腎臟炎腳水腫：丁豎杇、(大號) 牛乳埔、水丁香、雷公根、
五斤草各 1 兩，紅竹葉、白茅根各 6 錢，水 8 碗煎 3 碗，當
茶飲用。

青草藥鋪常見販售新鮮「紅竹葉」藥材，其顏色朱紅突出，可清楚與其他綠色
藥草區別 **(箭頭處)**。

食茱萸的嫩葉可放入湯中調味，能增添香味替代佐料。

紅刺蔥

來　源：芸香科植物食茱萸 *Zanthoxylum ailanthoides* Sieb. & Zucc. 之乾燥粗莖（或樹皮）。

分　布：臺灣全境低地及中高地森林中，尤其於火燒森林後之新生地及崩落裸地，常可發現其蹤影。

處方名：紅刺蔥、刺楤、食茱萸。

性　味：味微苦、辛，性平。

歸　經：肝、脾經。

功　能：祛風除濕、活血散瘀、利水消腫。

經 驗 方

(1)治骨刺、膝退化，兼胃炎：紅刺蔥、骨碎補、大金櫻、番仔刺、紅肉內葉刺、大風藤、鐵雨傘、軟枝梔梧、秤飯藤頭、牛膝、杜仲、走馬胎，以上諸藥各適量，水煎服。

(2)治腰椎骨刺、膝關節退化：一條根、雞血藤、山葡萄、白龍船、龍眼根、硃砂根、紅刺蔥、骨碎補、狗脊、苦林盤、秤飯藤頭、雙面刺、紅川七、白芷根，以上諸藥各適量，水加豬尾椎骨燉服。

紅刺蔥藥材

(3)治骨刺：威靈仙、番仔刺、紅刺蔥、紅骨蛇、梔梧（頭）、大風藤、黃金桂、一條根、黑骨芙蓉、臭茄錠、風不動、穿山龍、桑寄生、白右骨消、王不留行各適量，10 碗水加 3 碗米酒，加豬尾冬骨熬成 4 碗。

(4)治痔瘡：紅梅消（虎不刺）根、釘地蜈蚣、食茱萸（紅刺蔥）根、刺鈕茄根、白馬蜈蚣各 2 兩，紅棗、枸杞各 1 大把，水淹過草，用大火煮滾轉小火煮 3 小時，倒起來吃 3 天。（臺中市藥用植物研究會．第 19、20 屆監事 謝萬福／提供）

(5)治感冒：紅刺蔥、紫蘇、大風草、埔鹽頭、土牛膝各 5 錢，薄荷 3 錢，水煎當茶飲。（《民間常用中草藥驗方集》）

棗樹的結果量一般很大

紅棗

來　　源： 鼠李科植物棗 *Ziziphus jujuba* Mill. 之乾燥成熟
　　　　　果實。

分　　布： 臺灣各地零星栽培，苗栗縣公館鄉為臺灣紅棗
　　　　　生產重鎮。

處方名： 大棗、紅棗、大紅棗。

性　　味： 味甘，性溫。

歸　　經： 脾、胃經。

功　　能： 補氣健脾、養血安神、緩和藥性。

經 驗 方

(1) 治冬天怕冷：白朮、老薑母各 2 兩，山藥 1 兩，黃精 5 錢，
紅棗 6 粒，煮水完成後加入 3 根蔥白。

(2) 治流鼻血：淮山、生地各 3 錢，蓮子 2 錢，丹皮、棗肉、澤瀉、
柏子仁各 1 錢半，祈艾 1 錢，荷
葉 1 葉（置底煎），3 碗水煎服。（彰
化縣和美鎮・謝素月/中國藥學 58 屆・林芷渝）

1cm

紅棗藥材

(3) 治黑眼圈、痘痘：養肝茶（白朮、
茯苓各 2 錢，白芍、甘草、扁豆、
黃耆各 1 錢，紅棗 3 顆，老薑 3
片），將藥材放入鍋中，加入 4 碗水（水
須蓋過藥材），以小火熬煮至 1 碗水即可。（臺中市中區・江瓊珠/中
國藥學 58 屆・錢若瑜、朱怡安、葉佳敏、劉峻廷）

(4) 治盜汗：浮小麥 30 公克、紅棗 20 顆，加水煮湯飲用，每天 1 次，
連續服用 10 天。（金華唐中醫診所・謝向斌醫師/中國藥學 58 屆・邱璟璿）

(5) 治痔瘡：羊帶來、小金英、半枝蓮、艾草各 2 兩，紅棗 15 顆，
水煎服。（彰化縣鹿港鎮・施啟東/中國藥學 58 屆・許家瑀）

(6) 抗衰老：薑片 2 ～ 3 片、紅棗 3 顆，搭配蜂蜜水 1 杯服食。（南
投縣埔里鎮・王淑莉/中國藥學 57 屆・陳奎元）

(7) 治長期咳嗽：粉光、紅棗、枸杞各適量，煮湯喝。（陳玉珍阿嬤/
中國藥學 62 屆・陳沛誼）

編 語

(1) 本品以肉厚、飽滿、色紅、核小、味甜者為佳。
(2) 常用於藥性較強烈的方劑中，以減少藥物之副作用。

藤紫丹為藤本狀亞灌木，莖可伸長達 10 公尺以上。

倒爬麒麟

來　　源：紫草科植物藤紫丹 *Tournefortia sarmentosa* Lam. 之乾燥根及粗莖。

分　　布：臺灣南部近海乾燥林中。

處方名：倒爬麒麟、黑藤、黑靴藤、鐵先鋒、冷飯藤。

性　　味：味苦、辛，性溫。

歸　　經：尚無共識。

功　　能：祛風、解毒、消腫，預防勞傷。

經 驗 方

(1) 治內傷：冷飯藤（倒爬麒麟）葉（鮮品）1 斤，加 2 瓶米酒絞汁，睡前 1 碗，溫熱服用。若過濾葉渣，亦可加排骨燉服。（臺中市藥用植物研究會 · 第 12 屆理事 梁錦輝 / 提供）

(2) 治帶狀疱疹（俗稱皮蛇）：倒爬麒麟適量（約 7 號夾鏈袋的量），水煎作茶飲，殊效。（中國醫藥大學 · 黃世勳 副教授 / 提供）

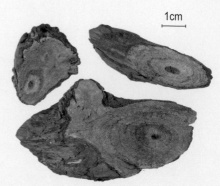

1cm

倒爬麒麟藥材

(3) 治五十肩：艾（草）頭、楂梧頭各 2 兩，倒爬麒麟 1 兩，加酒燉排骨。（《臺灣本土青草實用解說》）

(4) 治筋骨酸痛：（大號）牛乳埔 2 兩，倒爬麒麟、萬點金各 1 兩，加酒燉排骨。（《臺灣本土青草實用解說》）

(5) 治孩童發育不良或風傷骨節酸痛：倒爬麒麟 120 公克，當歸、熟地各 15 公克，白芍 12 公克，川芎 9 公克，半酒水燉雄雞角，連服數劑。（《臺灣常用中草藥》）

正處於果期的羅氏鹽膚木

埔鹽頭

來　源：漆樹科植物羅氏鹽膚木 *Rhus chinensis* Mill.
var. *roxburghii* (DC.) Rehd. 之乾燥根及粗莖。

分　布：臺灣全境 2,000 公尺以下山麓叢林內，向陽開
闊地十分常見。

處方名：埔鹽頭、埔鹽根、埔鹽片、埔鹽、山鹽青。

性　味：味酸、鹹，性涼。

歸　經：尚無共識。

功　能：清熱解毒、散瘀止血、消渴。

經 驗 方

(1) 治糖尿病：埔鹽頭 3 兩半、桑根 2 兩半，8 碗水煮剩 3 碗，分 3 次喝。（《臺灣本土青草實用解説》）

(2) 治筋骨酸痛：埔鹽頭、雙面刺、酸藤、水雞爪、骨碎補各 1 兩，燉排骨服。（《臺灣本土青草實用解説》）

(3) 解毒，治各種發炎症：埔鹽頭、鶯殼刺、雙面刺、刺波根各 1 兩，半酒、水燉服。（《民間常用中草藥驗方集》）

1cm

埔鹽頭藥材

(4) 治久年風傷：楂梧頭、黃金桂、埔鹽頭、鐵釣竿各 1 兩，青皮貓 6 錢，豬排骨 4 兩，半酒、水燉服。（《民間常用中草藥驗方集》）

(5) 治關節腫痛：埔鹽頭、萬點金各 1 兩，紅骨蛇 5 錢。風寒濕痺、關節酸痛者，可加虎杖、雞血藤、伸筋草各 5 錢。水煎服或半酒水燉服。（《民間常用中草藥驗方集》）

(6) 降尿酸：埔鹽頭、山芙蓉各 2 兩，五斤草 5 錢，6 碗水煮剩 2 碗，分 2 次服。（《民間常用中草藥驗方集》）

桑通常結果纍纍且飽滿

小葉桑的雌蕊具花柱

桑根

來　　源：桑科植物桑 *Morus alba* L. 或小葉桑 *Morus australis* Poir. 之乾燥根。

分　　布：(1) 桑：臺灣全境平野及山坡，多為栽培。

　　　　　　(2) 小葉桑：臺灣全境山麓叢林至海拔 1,500 公尺以下高地。

處方名：桑根、桑材根、桑樹根。

性　　味：味微苦，性寒。

歸　　經：肝經。

功　　能：清熱定驚、祛風通絡。

經 驗 方

(1) 治抽筋：桑根適量，半酒、水燉臺灣豬的粉腸服。(臺中市藥用植物研究會‧第 14、15 屆常務理事 葉源河/提供)

桑根飲片藥材

(2) 治毛髮光禿（尚存毛囊者）：可取桑根（即桑的根部切片）煎汁，外塗患處。(臺中市藥用植物研究會‧第 14、15 屆常務理事 葉源河/提供)

(3) 治風濕疼痛、跌打、高血壓：桑根 1 兩，大劑量可用至 2 兩，水煎服。

(4) 治赤眼：桑根（鮮品）1 兩，洗淨，水適量煎服，或煮豬肝於早晨服。

(5) 治結膜炎：枸杞頭、白花蛇舌草、桑根、鼠尾各 15 公克，水煎服。

(6) 消暑青草茶：仙草 2 兩，桑根、咸豐草、七層塔、黃花蜜菜各 1 兩，薄荷 5 錢，水煎服。(《臺灣本土青草實用解說》)

(7) 治糖尿病：桑根、埔鹽片各 3 兩，8 碗水煎 3 碗，分 3 次服。(《臺灣本土青草實用解說》)

桑根全形藥材

(8) 治骨刺：桑根（鮮品）半斤，半酒、水燉尾椎骨服。(《臺灣本土青草實用解說》)

編 語

(1) 桑根的乙醇及丙酮浸出液在體外有抑制真菌的作用。

(2) 桑白皮（除去栓皮之根皮）味甘，性寒。能平喘、利尿、降血壓，治肺熱喘咳、水腫、高血壓、糖尿病等。

桔梗花大艷麗，很適合觀賞栽培。

桔梗

來　源：桔梗科植物桔梗 *Platycodon grandiflorum*
(Jacq.) A. DC. 之乾燥根。

分　布：臺灣多數仍作為園藝觀賞栽培，藥用
栽培尚在試驗階段。

處方名：桔梗、苦桔梗、白桔梗。

性　味：味苦、辛，性平。

歸　經：肺經。

功　能：化痰止咳、利咽開音、宣暢肺氣、排膿消癰。

清代《植物名實圖考
之「桔梗」繪圖

經 驗 方

(1) 治傷寒咽痛、外感咳嗽咯痰
不爽：桔梗 5 錢、甘草 3 錢，
9 碗水煎成 3 碗，三餐飯後各
服 1 碗。（本方稱桔梗湯）

1cm
—

桔梗藥材

(2) 治胸痛：當歸 15 公克，陳皮、
桔梗、香附各 10 公克，廣木香 5 公克，水煎服。

(3) 治感冒咳嗽：(a) 桔梗、防風各 10 公克，白芷 6 公克，水煎服。
(b) 桑白皮、麥門冬、天門冬、藕節、烏甜及桔梗各 10 公克，
水煎服。

(4) 治肺膿瘍，咯吐膿血：桔梗 15 公克、山豆根（或北豆根）9 公
克，水煎服。

(5) 治上呼吸道感染、扁桃腺炎、疱疹性咽峽炎 (herpangina) 等：
大青葉 30 公克，蚤休、桔梗、玄參、紫蘇葉、薄荷、甘草各
9 公克，水煎服，每日 1 劑，日服 3 次。（本方稱大青蚤休飲，
能發汗解表、清熱解毒）

說 明

方中大青葉、蚤休清熱解毒；桔梗快膈利咽；玄參滋陰清熱，
紫蘇葉、薄荷解表散熱；甘草解毒和中。諸藥相伍，其消炎
解毒作用甚強，適用於上呼吸道各種炎症性病變。

(6) 治聲音沙啞：枇杷葉、菊花、胖大海、桔梗、桑葉各 3 錢，
羅漢果 1 個，玄參、蟬蛻、麥門冬各 2 錢，甘草 1 錢半，水
煎服。（臺北市大同區 · 林旻毅 / 中國藥學 62 屆 · 林子傑）

編 語

本品以片大、堅實、潔白、味苦者為佳。

益母草開紫紅色花，在野外較少見。

白花益母草通常較益母草高大，採收較有經益，目前已成為國內栽培「益母草」藥材的來源植物。

益母草

來　　源：唇形科植物益母草 *Leonurus heterophyllus* Sweet 或白花益母草 *Leonurus sibiricus* L. forma *albiflora* (Miq.) Hsieh 之乾燥地上部分。

分　　布：臺灣全境平野至低海拔山地村落附近自生，常被栽培於園圃中供民間藥用，近年有規模性的企業栽培，供市場使用。

處方名：益母草、坤草、茺蔚草。

性　　味：味辛、微苦，性微寒。

歸　　經：肝、心、膀胱經。

功　　能：活血調經、利水消腫、涼血消疹。

經 驗 方

(1) 轉骨方：(a) 益母草、金錢薄荷各適量，煮雞湯服用。（彰化縣伸港鄉・柯苑華 / 中國藥學 57 屆・柯佩萱）(b) 九層塔（頭）、黑面馬、羊奶頭、益母草、狗尾草各適量，水煎服。（臺中市青草街・陳輝霖老師 / 中國藥學 58 屆・張旌瑋、黃世宇）

1cm

益母草藥材明顯可見輪繖花序、莖呈四方形。

(2) 治月經不調（經期不順）：鴨舌癀、益母草、白肉豆（根）、白埔姜頭，加排骨燉湯服。（臺中市中區・江瓊珠 / 中國藥學 58 屆・錢若瑜、朱怡安、葉佳敏、劉峻廷）

(3) 治經痛：（新鮮）全株益母草，洗乾淨，切細，煸（ㄅㄧㄢ，往鍋內倒入少量食用油，以大火短時間內快速翻攪至熟的烹飪動作）乾，加鴨蛋煎成蔥花蛋，最後加一點酒，月經來完後吃。（臺中市豐原區・劉素卿 / 中國藥學 58 屆・郭劉瑄蕙）

(4) 治陰道感染，產生臭味：茜草、鴨舌癀、車前草、蛇莓、白花益母草各 2 兩，加水 5,000 c.c.，大火煮沸，改小火煮 2 小時，內服外洗。（中華中青草藥養生協會・蔡和順 創會理事長 / 提供）

編 語

本品與仙鶴草皆可治療子宮出血，但益母草兼能活血祛瘀，而仙鶴草則無活血祛瘀作用，臨床上，仙鶴草往往須配伍活血祛瘀藥一起使用。

火炭母草因花白看似「隔夜飯」（俗稱秤飯或冷飯），且為攀援狀草本，故俗稱「秤飯藤」（或冷飯藤）。

秤飯藤頭

來　　源： 蓼科植物火炭母草 *Polygonum chinense* L. 之乾燥根。

分　　布： 臺灣全境平地至中海拔之山地路旁濕潤地。

處方名： 秤飯藤頭、冷飯藤頭、火炭母草、川七。

性　　味： 味酸、甘，性平。

歸　　經： 肝、脾經。

功　　能： 清熱利濕、涼血解毒、活血消腫、通經消炎、補益脾腎、平降肝陽。

臺灣中草藥圖鑑及驗方

經 驗 方

(1) 治腰酸背痛、跌打、癰腫、小兒發育不良：秤飯藤頭 40 ～ 150 公克，水煎服。

(2) 幫助小兒通血路：秤飯藤頭、蔡鼻草、紅川七、王不留行、白肉穿山龍、百條根、紅根仔草、軟枝椬梧，以上諸藥各適量，水煎服。

(3) 治過敏性鼻炎、氣喘，兼體寒：鐵馬鞭、紅乳仔草、珠仔草、魚腥草、大風草、艾葉、桑白皮、秤飯藤頭、大號牛乳埔、山瑞香，以上諸藥各適量，半酒水加排骨燉服。

(4) 治久年跌打損傷：秤飯藤頭、紅骨蛇各 40 公克，酒水各半燉豬頭，連服數次可癒。

(5) 治內傷、腳痠麻、頭暈，兼胃腸不好：秤飯藤頭、苦林盤、紅雞屎藤、雞血藤、紅骨蛇、絡石藤、番仔刺、白粗糠、帽仔盾草、紅川七、桂花根、茄苳根，以上諸藥各適量，水煎服。

(6) 治撞傷胸部疼痛：先喝大量生水，再以火炭母草嫩葉搗汁沖溫米酒服，再以火炭母草根加半酒水燉豬龍骨服。（南投縣藥用植物研究會 · 陳天色 理事長 / 提供）

(7) 治內臟下陷：火炭母草（莖葉，鮮品）8 兩，加點米酒，燉尾冬骨服。（雲林縣中草藥植物學會 · 張武訓 理事長 / 提供）

(8) 治腸黏連、腹脹痛、大便不通，不可忍：火炭母草（莖葉，鮮品）搗汁，加鹽少許服。（雲林縣中草藥植物學會 · 張武訓 理事長 / 提供）

(9) 治痛風關節結腫：火炭母草（葉，鮮品）切細，以苦茶油、水燉服。（雲林縣中草藥植物學會 · 張武訓 理事長 / 提供）

臺灣市售「秤飯藤頭」飲片，實為蓼科植物金蕎麥 *Fagopyrum dibotrys* (D.Don) H.Hara 之根莖切片：斷面有放射狀紋理，中央髓部色較深。雖為「秤飯藤頭」誤用品，但「金蕎麥」藥材苦寒清洩，主入肺經，兼入脾、肝經，善於清熱解毒、祛痰排膿，為治肺癰、肺熱咳嗽之要藥。除此，還常用於咽喉腫痛、跌打損傷、風濕痹痛、經痛等治療。因此，對於傷科、轉骨方等，以「金蕎麥」藥材代用秤飯藤頭，應該是可被接受的。

火炭母草的根粗大

粉藤的莖常見被白粉，故名，又名「白粉藤」。

青草藥鋪常見販售新鮮「粉藤」藥材頭處)，但以莖、葉為主。圖中 (臺中漢強百草店 · 李漢強 老師 (右 1) 正在中山醫學大學附設醫院中西整合醫療科訪的中醫師們介紹臺灣本土藥草的實用值。(2013.6.22 訪問拍攝)

粉藤薯

來　源：葡萄科植物粉藤 *Cissus repens* Lam. 之乾燥塊根。

分　布：臺灣全境平地原野及低海拔山區，生長於樹上、
　　　　　屋旁、籬笆，常成群自生，偶見栽培。

處方名：粉藤薯、粉藤、白粉藤、獨腳烏桕。

性　味：味甘、辛，性平。(亦載味甘、苦，性涼)

歸　經：心、腎經。

功　能：活血通絡、清熱涼血、解毒消腫。

粉藤薯藥材（此圖藥材為臺灣產者），以粉藤的塊根入藥。

經 驗 方

(1) 治全身性淋巴結腫大：(a) 粉藤薯、白右骨消根各 2 兩，燉鯽魚服。(b) 粉藤薯 2～3 兩，半酒水燉青殼鴨蛋服。

(2) 治骨蒸勞熱、小便紅赤、膀胱炎、小便疼痛：粉藤薯 1 兩，煎冰糖服。

(3) 治頭瘡（臭頭）、皮膚搔癢：粉藤 4 兩，半酒水燉赤肉服。

(4) 治甲狀腺腫大（俗稱大脖子）：取粉藤（藤莖）適量，煮雞湯喝。（臺北市推拿師驗方）

(5) 治攝護腺肥大：(a) 粉藤、苦麻賽葵、花生藤、土肉桂、甜菊、白龍船、白刺莧各適量，水煎服。（中華中青草藥養生協會・蔡和順 創會理事長/提供）(b) 粉藤 1 斤，以 4,000 c.c. 水煮沸後，改小火熬煮 2 小時，當茶飲。（臺中市藥用植物研究會・第 16、17 屆常務監事，第 18 屆常務理事 張文智/提供）

(6) 改善攝護腺腫脹：新鮮粉藤 200 公克（採用莖、葉，青草藥鋪有售），將材料洗淨切碎，加水 1,500 c.c. 入鍋煮至 750 c.c.，濾渣後酌加黑糖調味，作茶飲，喝 3 天停 1 天。（上述稱粉藤湯）

(7) 治脂肪瘤：白朮 4 錢，海藻 3 錢，粉藤、橘紅、丹參、莪朮、連翹、皂刺、夏枯草、乳香各 2 錢，3 碗半水煎成 1 碗，早晚各煎 1 次溫服。（高雄市藥用植物學會・陳怡樺 理事長/提供）

說 明

(1) 粉藤亦可單用於治療結石。

(2) 可加半邊旗、牛筋草。

(3) 顧胃可添加含殼仔草。

編 語

(1) 粉藤在青草藥鋪販賣分為頭（指塊根）、莖（帶葉）二種，取莖（帶葉）稱為「粉藤」，塊根部份稱為「粉藤薯」。粉藤和粉藤薯清洗時常會引起手癢，宜戴手套，較不易引起過敏。

(2) 藤莖味苦，性寒。能清肺、解毒、利尿。

欒樨是海濱常見植物之一

臭加錠

來　源： 菊科植物欒樨 *Pluchea indica* (L.) Less. 之乾燥全草。

分　布： 臺灣西部及東部海岸平野及山麓。

處方名： 臭加錠、欒樨、鯽魚膽、脆枝仔。

性　味： 味甘，性微溫，有特殊臭味。

歸　經： 肺、肝、脾、腎經。(依《中華日報》新聞網，2015.8.15)

功　能： 暖胃消積、軟堅散結、祛風除濕、活血通絡、排石發汗。

臺灣中草藥圖鑑及驗方

經 驗 方

(1) 治風濕酸痛：(a) 臭加錠 5
兩，加酒燉排骨。(b) 臭加
錠、黃金桂、牛乳埔、芙
蓉頭、九層塔頭、紅刺蔥
各 2 兩，加米酒燉尾椎骨，
分 2 天服。（以上 2 方皆取自《臺
灣本土青草實用解説》）

臭加錠藥材

(2) 排尿毒素：臭加錠、苦藍
盤、地骨皮、香椿（葉）各 30 公克，細葉茶匙癀 10 公克，水
煎分 3 次服。（《中華日報》新聞網）

(3) 治尿酸引起骨頭痛：黃花虱母子頭、大本七層塔各 30 公克，
小本山葡萄 25 公克，臭加錠（根、莖）、芙蓉頭、羊帶來各
20 公克，腰只草、艾草各 10 公克，水煎分 3 次服。（《中華日報》
新聞網）

(4) 治小兒消化不良：（新鮮）臭加錠適量，搗爛，加米粉、糖製
成餅乾給小兒食之。（《中華日報》新聞網）

(5) 治療癭：（新鮮）臭加錠（莖、葉）搗汁，加入牛皮膠、海帶適量，
燉溶服之。（《中華日報》新聞網）

刀傷草的葉有 2 大特徵：基生葉近革質、具規則性的深刻葉緣。

馬尾絲

來　　源： 菊科植物刀傷草 *Ixeridium laevigatum* (Blume) J. H. Pak & Kawano 之乾燥全草。

分　　布： 臺灣全境平地至海拔約 2,400 公尺處。

處 方 名： 馬尾絲、刀傷草、三板刀。

性　　味： 味苦、甘，性寒。

歸　　經： 尚無共識。

功　　能： 行血消瘀、清熱解毒、理氣健胃。

經 驗 方

(1) 治阻塞性肺炎：刀傷草（乾品）2 兩，煮水當茶飲。（臺中市藥用植物研究會‧第 18 屆常務監事 范有量 / 提供）

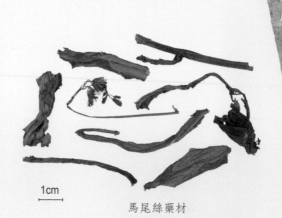

1cm

馬尾絲藥材

(2) 治脂肪肝：肺炎草、犁壁藤、藤根、馬尾絲、牛皮消、馬茶金、石上柏各適量，水煎服。（臺灣民間驗方）

(3) 治肝硬化：大公英（指刀傷草）、含殼草、仙鶴草、六角英、桶鉤藤、葉下珠、一葉草、八卦草、清明草、夏枯草各適量，水煎服。

(4) 治感冒：馬尾絲 40 公克，香附、刈根、車前草、一枝香各 20 公克，水煎服。（《臺灣植物藥材誌（二）》）

(5) 治咳嗽、肺炎、肺積水：馬尾絲 60 公克、雙面刺 8 公克，米泔水燉青殼鴨蛋服，體寒者加酒少許。（《臺灣植物藥材誌（二）》）

(6) 治氣喘：馬尾絲 110 公克、雙面刺 20 公克、沈香 4 公克，燉青殼鴨蛋服。（《臺灣植物藥材誌（二）》）

馬蹄金的腎形葉酷似馬蹄形，故名。

馬蹄金

來　源： 旋花科植物馬蹄金 *Dichondra micrantha* Urban 之乾燥全草。

分　布： 臺灣全境隨處可見，為常見雜草。

處方名： 馬蹄金、(馬)茶金。

性　味： 味苦、辛，性平。

歸　經： 肺、肝、大腸經。

功　能： 清熱解毒、利濕消腫、止血生肌。

經 驗 方

(1) 治急性黃疸型肝炎：馬
蹄金、車前草、含殼仔草
各 1 兩，葉下珠、栀子
根各 5 錢，水煎服。

(2) 治肝熱、肝炎、小便不利：
馬蹄金、菁芳草、豨薟草
各 1 兩半，黑糖適量，
濃煎取汁，隨時飲服。

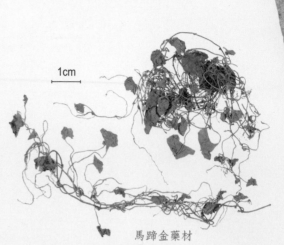

1cm

馬蹄金藥材

(3) 治急性腸道感染：鳳尾
草、馬蹄金、廣金錢草、紫花地丁各 5 錢，水煎服。

(4) 治發高燒：水蜈蚣、馬蹄金、鳳尾草、紫蘇各 1 兩，冰糖適量，
水煎服。若小兒高燒，可單獨使用馬蹄金，水煎作茶飲。

(5) 小兒解熱方：鮮馬蹄金、鮮白花蛇舌草、鮮葉下紅各 1 兩，
洗淨，共搗汁加冬蜜少量飲服。

編 語

上述經驗方 (2) 所提「肝熱」即指肝氣淤滯，淤滯生火，
肝屬木，脾屬土，肝火過剩，橫逆犯脾，常見脾虛不欲食。

側柏常被栽培作觀賞植物

側柏葉

來　　源：柏科植物側柏 *Biota orientalis* (L.) Endl. 之乾燥
枝梢及葉。

分　　布：臺灣各地庭園常有栽種。

處方名：側柏葉、扁柏葉。

性　　味：味苦、澀，性寒。

歸　　經：肺、肝、脾經。

功　　能：涼血止血、清肺止咳。

臺灣中草藥圖鑑及驗方

經 驗 方

(1) 止流鼻血、一切內出血：
龍芽草 1 兩，側柏葉、鳳
尾草、甜珠草、白茅根、
蓮蓬各 5 錢，煮水喝。(臺
中市藥用植物研究會 · 第 15 ～ 18
屆理事，第 19 屆常務監事 王錫福 /
提供)

1cm

側柏葉藥材

(2) 治痔瘡 (便血)：夏枯草、
黃連各 3 錢，側柏葉、丹皮、槐花、
枳實、荊芥、黃芩、梔子、生地、炒地榆各 2 錢，甘草 1 錢半，
以 3 碗水煎服。(臺中市藥用植物研究會 · 第 12 屆理事長 林進文 / 提供)

(3) 治咳嗽：(新鮮) 呼神翅 100 公克、側柏葉 20 公克、紅竹葉 2 ～
3 枚，水煎，沖冬蜜服，可清肺火，治吐血、咳嗽。

(4) 治吐血：側柏葉、蛇波、甜珠仔草、對葉蓮與艾心少許，以
上皆取鮮品，共搗汁半碗，加冰糖服，效佳。

(5) 治流鼻血：(a) 新鮮側柏葉半斤，加 1 顆鴨蛋、適量黑糖，水
煎服。(臺中市豐原區 · 劉素卿 / 中國藥學 58 屆 · 郭劉瑄蕙)(b) 側柏葉、生地、
竹茹、藕節、桑白皮、荷葉、烏甜、黃芩各 7 ～ 10 公克，水
煎服。(臺中市元五青草店 · 陳輝霖 / 中國藥學 62 屆 · 陳凱駿、劉兆翔、江柏翰)

扛香藤正處於盛花期

桶鉤藤

來　源： 大戟科植物扛香藤 *Mallotus repandus* (Willd.)
Muell.-Arg. 之乾燥根及粗莖。

分　布： 臺灣全境低海拔地區，近海岸處叢林中常見。

處方名： 桶鉤藤、桶交藤、鉤藤、扛藤、糞箕藤。

性　味： 味甘、微苦，性寒。(亦載味苦、辛，性溫)

歸　經： 心、肝、脾經。

功　能： 祛風除濕、活血通絡、驅蟲止癢、解毒消腫。

臺灣中草藥圖鑑及驗方

經 驗 方

(1) 治急性肝炎：桶鉤藤（鮮品）葉子及莖 1 斤，水 4,000 c.c. 以大火煮沸，再用小火熬煮約 1 小時後，湯倒起來，再放金針花（鮮品）2 兩及排骨，以電鍋燉服。（臺中市藥用植物研究會．第 20 屆常務理事 陳永隆／提供）

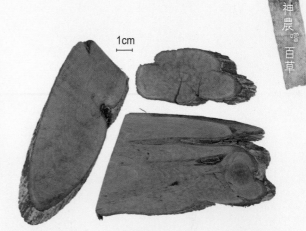

1cm

桶鉤藤藥材

(2) 治肝硬化：桶鉤藤（鮮葉）10 兩、金針頭 5 錢，此為 2 日量，加適量瘦肉置電鍋內燉煮，外鍋 2 杯水，內鍋需加蓋。桶鉤藤（扛香藤）藤部切片，取適量水煎當茶飲，耐心治療一陣子就會治好。（臺中市藥用植物研究會．洪永富 會兄／提供）

(3) 治肝病、眼赤：桶交藤心尾（指其嫩枝葉）適量，水煎服。

(4) 治 B 型肝炎、肝硬化：七層塔、白馬蜈蚣、穿心蓮、黃水茄、麻芝糊、萬點金、水丁香、桶鉤藤、石上柏、白花蛇舌草、蒲公英、含殼草各適量，水煎服。

(5) 治下消風（關節炎）：桶鉤藤 75 公克、倒地麻（梧桐科草梧桐之全草）20 公克，半酒水燉排骨服。（《臺灣常用中草藥》）

(6) 治血壓高、失眠、腰痠，兼頸部緊繃：豨薟草 1 兩半，桶鉤藤、羊帶來、苦瓜根、七層塔、七葉埔姜、狗頭芙蓉、山葡萄各 1 兩，黃藤 5 錢，水 15 碗煎至 6 碗，三餐飯後喝 1 碗，兩天份。（《臺灣常用中草藥》）

野牡丹 (攝於台中市大坑風景區)

野牡丹根

來　　源： 野牡丹科植物野牡丹 *Melastoma candidum* D. Don 之乾燥粗莖及根。

分　　布： 臺灣全境低海拔地區。

處 方 名： 野牡丹根、王不留行 (臺灣地區慣用品)、不流行、九螺仔花、牛腳筒。

性　　味： 味苦、澀，性平。(亦載味酸、澀，性涼)

歸　　經： 脾、胃、肺、肝經。

功　　能： 清熱解毒、利濕消腫、散瘀止血、活血止痛。

臺灣中草藥圖鑑及驗方

經 驗 方

(1) 治風濕、骨折：野牡丹根、
橄欖根、牛乳埔、白椿根、
埔鹽片、一條根各 5 錢，
半酒水，燉赤肉或雞服。（中
國醫藥大學 · 黃世勳 副教授 / 提供）

1cm

野牡丹根藥材，臺灣地區充
「王不留行」藥材使用。

(2) 治婦女月經不通：野牡丹
根、鴨舌癀、九層塔頭各
1 兩，水煎汁，再加當歸 3
錢，燉烏骨雞服。（中國醫藥大
學 · 黃世勳 副教授 / 提供）

(3) 治肺癰、肺病發燒：野牡丹根、大風草頭、崗梅根、雞屎藤、
紅竹根各 1 兩，芙蓉骨、傷寒草 5 錢，半酒水燉豬瘦肉服。

(4) 治耳癰：野牡丹根 1 兩，豬耳 1 個，水煎服。

(5) 治肺積水：野牡丹根、𦫼骨消根各 1 兩，燉赤肉服。

(6) 治乳汁不通：野牡丹根、帽仔盾頭各 1 兩，豬瘦肉 4 兩，酌
加酒水燉服。

(7) 催乳方：通草 5 兩，紅棗 4 錢，枸杞、紅耆、黨參各 3 錢，桂枝、
野牡丹根、當歸各 2 錢，川芎 1 錢，上述藥材皆用過濾紙袋裝，
水煎服。（彰化縣鹿港鎮 · 陳克銘 / 柯蒨宇 藥學碩士，2020 年調查）

闊葉麥門冬常見園藝觀賞栽培

麥門冬

來　源：百合科植物麥門冬 *Liriope spicata* (Thunb.) Lour.、
　　　　沿階草 *Ophiopogon japonicus* (L. f.) Ker-Gawl.
　　　　及其同屬近緣植物之乾燥塊根。

分　布：臺灣全境低海拔山區中可見部分來源植物。

處方名：麥門冬、麥冬、寸麥冬。

性　味：味甘、微苦，性微寒。

歸　經：心、肺、胃經。

功　能：清熱養陰、潤肺養胃、清心除煩、潤腸通便。

臺灣中草藥圖鑑及驗方

經 驗 方

(1) 治體虛弱、大便乾燥：麥門冬、桑椹各 15 公克，何首烏 20 公克，黑芝麻 (搗碎)30 公克，水煎服。

(2) 治胃神經官能症：麥門冬、黨參各 30 公克，半夏 5 公克，炙甘草 3 公克，紅棗 15 枚，糙米 15 公克，水煎服。

麥門冬藥材

1cm

(3) 治虛勞咳嗽口渴，津液缺少：麥門冬、南沙參各 15 公克，水煎服。

(4) 治衄血不止：麥門冬 15 公克，生地黃 30 公克，水煎服。

(5) 治咳嗽、咽痛、音啞：麥門冬、天門冬各 500 公克，蜂蜜 500 公克，熬膏，每服約 15 公克，溫開水送服。如熬膏不方便者，可直接用麥門冬、天門冬各 10 公克，開水沖泡，加蜂蜜適量代茶飲。

(6) 治自汗、盜汗：浮小麥、地骨皮各 30 公克，黃耆 20 公克，麥門冬 15 公克，黑豆衣 12 公克，水煎，分 2 次服。

編 語

本品與貝母皆能潤肺止咳，但貝母偏清肺鬱而化痰，又能開心鬱而清熱；而麥門冬偏滋肺陰而清熱，又能養胃陰而止渴。

金合歡帶刺，觀賞時宜小心。

番仔刺

來　　源： 豆科植物金合歡 *Acacia farnesiana* (L.) Willd.
之乾燥粗莖及根。

分　　布： 臺灣南部低海拔次生林內可見，各地常作觀賞植物
栽培。原產熱帶美洲，1645 年由荷蘭人引進臺灣。

處方名： 番仔刺、金合歡、臭刺仔。

性　　味： 味微酸、澀，性平。(《中華本草》載：味微酸、
苦，性涼)

歸　　經： 尚無共識。

功　　能： 清熱解毒、消癰排膿、祛風除濕。

臺灣中草藥圖鑑及驗方

經驗方

(1) 治久年膝蓋退化痠痛：番
仔刺、九層塔、黑面馬、
骨碎補各半斤，煎煮 2 小
時，要吃時再燉瘦肉。（客
戶經驗方/阿賢青草行・陳錫賢老師
提供）

1cm

番仔刺藥材

(2) 治感冒筋骨痠痛、骨刺痠
痛：大風草、埔鹽頭、牛舌癀、金櫻根、崗梅、臭刺仔（番仔
刺）各 1 兩，白芷 3 錢，9 碗水煎煮成 3 碗，再燉瘦肉，三餐
飯後食用。（客戶經驗方/阿賢青草行・陳錫賢老師 提供）

(3) 治骨刺、風濕：番仔刺半斤、海芙蓉 2 兩，加酒燉排骨，分 2
天早晚溫熱服。（《臺灣本土青草實用解説》）

(4) 治骨刺、坐骨神經痛：番仔刺 4 兩、白馬屎 2 兩，加酒燉尾
椎骨。（《臺灣本土青草實用解説》）

(5) 治骨頭疼痛：黃花三腳破、臭刺頭（番仔刺）、芙蓉頭、雞屎藤、
枸杞根各 1 兩，骨碎補、五加皮各 5 錢，水煎分 2 ～ 3 次服。

(6) 治關節腫痛：黃金桂、番仔刺、山芙蓉、三腳鱉、觀音串、
土牛膝、雙面刺各 5 錢，水煎服。

(7) 治月內風：紅水柳、大風草頭、風藤、走馬胎、番仔刺各 1 兩，
小金英 5 錢，酒水各半煎服 。

編 語

番仔刺是市售「刺仔雞湯」之主要原料。

金絲草喜歡長於潮濕處

筆仔草

來　　源：禾本科植物金絲草 *Pogonatherum crinitum* (Thunb.) Kunth 之乾燥全草。

分　　布：臺灣全境河邊、牆縫、山坡和曠野潮濕地帶均可見。

處方名：筆仔草、必仔草。

性　　味：味甘、淡，性寒。

歸　　經：尚無共識。

功　　能：清熱解毒、利水通淋、涼血、抗癌、消渴。

臺灣中草藥圖鑑及驗方

經 驗 方

(1) 降血糖方：筆仔
草、仙草各2兩，
出世老、鹿仔樹各
1兩，甜菊5錢，水煎服。
（李怡萱 醫學博士，2021年調查）

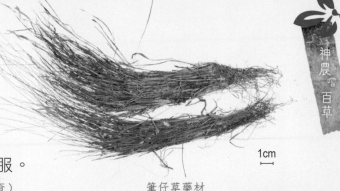

1cm

筆仔草藥材

(2) 治尿道發炎、結石：筆仔草、車前草各2兩，化石草1兩，水煎服。（《臺灣本土青草實用解說》）

(3) 治肝硬化：半邊蓮、丁豎杇各2兩，筆仔草1兩，水煎服。（《民間常用中草藥驗方集》）

(4) 治肺炎、感冒發燒：下田菊、筆仔草、水芺根各1兩，水煎服。（《民間常用中草藥驗方集》）

(5) 青草茶（解熱、消暑、退肝火、利小便，治尿道炎、小便刺痛）：大本七層塔、黃花蜜菜、咸豐草各1兩，鳳尾草、筆仔草、魚腥草各5錢，水煎1小時，作茶飲。（《民間常用中草藥驗方集》）

編 語

常用於降血糖的青草藥，包括山苦瓜、牌錢樹、野牡丹、金線連、白豬母乳、筆仔草、番麥鬚、樟柳頭（閉鞘薑的根莖）、清明草、鹿仔樹、蝶仔草（苦蘵）、藤三七、茄茗子、紅乳仔草、埔鹽根（或埔鹽片）、三腳鱉（三腳破，指黃葵）、白水錦（木槿）、仙人掌、尤加利、破布子頭、康復力、仙草干、老鼠拖秤錘、咸豐草、山芭仔、豬高藤（指獼猴桃類植物）、走馬胎、無根草、甜珠草、梔子根、白龍船、白粗糠、山苦苓（倒地鈴）藤、海當歸、甜藍盤、龍眼花、小本山葡萄、五爪金英、紅柿根、煮飯花頭等。

紫蘇不僅具觀賞價值，也是很實用的藥用植物。

紫蘇梗

來　源：唇形科植物紫蘇 *Perilla frutescens* (L.) Britt. 之乾燥老莖。

分　布：臺灣各地多見人家栽培。

處方名：紫蘇梗、蘇梗、紫蘇莖、紫蘇桿。

性　味：味辛，性溫。

歸　經：脾、胃、肺經。

功　能：理氣安胎、止咳化痰。

經驗方

(1) 治胸膈痞悶、呃逆：紫蘇梗 15 公克、陳皮 6 公克、生薑 3 片，水煎服。

(2) 治孕婦胎動不安：麻根（指桑科植物大麻的根）30 公克、紫蘇梗 10 公克，水煎服。

(3) 治水腫：紫蘇梗 8 錢，老薑皮、冬瓜皮各 5 錢，大蒜根 3 錢，水煎服。（《湖南藥物誌》）

(4) 治傷寒胸中痞滿，心腹氣滯，不思飲食：赤茯苓各 1 兩半，紫蘇莖、大腹皮、旋覆花各 1 兩，半夏 5 錢，陳皮（橘皮）3 錢，水煎服。（本方稱蘇橘湯）

(5) 治習慣性流產：蓮子 60 公克、紫蘇梗 10 公克、陳皮 6 公克，將蓮子去芯後放入鍋內，加水 500 毫升煮至八成熟，然後加入紫蘇梗、陳皮，再煮 3 ～ 5 分鐘，食蓮子飲湯，每日 1 ～ 2 次。

(6) 治打嗝：紫蘇梗、橘皮各 6 公克，生薑 3 片，水煎溫服。

1cm

紫蘇梗藥材雖為斜切，但仍可見其莖四稜，表面為紫棕色，四面各有 1 條縱槽，中心有白色疏鬆的髓。

鈕仔茄全株佈滿了刺

鈕仔茄

來　　源：茄科植物鈕仔茄 *Solanum violaceum* Ortega 之
　　　　　乾燥根及粗莖。

分　　布：臺灣全境低海拔山區中。

處方名：鈕仔茄、柳仔茄、小本刺茄。

性　　味：味苦，性平，有小毒。

歸　　經：尚無共識。

功　　能：祛風、清熱、解毒、止痛。

經 驗 方

(1) 治甲狀腺腫：鈕仔茄 2 兩，燉青殼鴨蛋 2 個，分早晚食用。（《臺灣本土青草實用解說》）

鈕仔茄藥材

1cm

(2) 治肝炎：鈕仔茄、黃水茄、茵陳各 2 兩，煮水當茶喝。（《臺灣本土青草實用解說》）

(3) 治骨刺：鈕仔茄 4 兩，燉尾椎骨。（《臺灣本土青草實用解說》）

(4) 治急性肝炎：鈕仔茄、（新鮮）小金英各半斤，水濃煎效果很好。（《臺灣本土青草實用解說》）

(5) 治慢性肝炎（使肝功能指數下降）：山九層塔 2 兩、鈕仔茄 1 兩、七葉膽 3 錢，水煎服。（《民間常用中草藥驗方集》）

(6) 治肝硬化：白蓮蕉頭、黃水茄、鈕仔茄、龍葵各 1 兩，水煎服。（《民間常用中草藥驗方集》）

蟛蜞菊於鄉下田邊路間經常可見，故俗稱黃花田路草、田黃菊、路邊菊。

黃花蜜菜

臺灣中草藥圖鑑及驗方

來　源：菊科植物蟛蜞菊 *Wedelia chinensis* (Osbeck)
　　　　Merr. 之乾燥全草。

分　布：臺灣全境山野、田畔、水溝旁。

處方名：黃花蜜菜、蟛蜞菊、蛇舌癀。

性　味：味甘、淡，性涼。

歸　經：肺、肝經。

功　能：清熱解毒、化痰止咳、涼血平肝 (降血壓)。

經驗方

(1) 預防白喉：(a) 新鮮蟛蜞菊 1 兩，水煎服，連服三天。(b) 新鮮蟛蜞菊搗爛絞汁，加相當於藥液四分之一的醋，噴咽或漱口，日 1～2 次，連用 3 天。（《福建中草藥》）

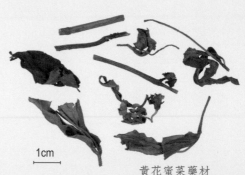

1cm

黃花蜜菜藥材

(2) 治白喉：新鮮蟛蜞菊 2 兩，甘草 2 錢，通草 5 分，水濃煎服，日 1～4 劑。另用新鮮蟛蜞菊搗爛絞汁，加相當於藥量四分之一的醋，用棉棒蘸藥液塗抹偽膜，日 2～3 次。（《福建中草藥》）

(3) 治肺炎：黃花蜜菜、馬鞭草、小金英、含殼仔草、魚腥草各 1 兩，威靈仙 5 錢，水煎加冰糖調服。（《民間常用中草藥驗方集》）

(4) 治小兒感冒發熱：菁芳草、黃花蜜菜各用鮮品適量，搗汁加蜜或紅糖服。（《民間常用中草藥驗方集》）

(5) 青草茶（消暑、清肝熱、瀉肺火、養肝）：黃花蜜菜、仙草、咸豐草、桑枝、大本七層塔各 1 兩，薄荷（後下）適量。水 600 c.c.，先用大火煮滾後，再以小火煮 1 小時，熄火後，立即加入薄荷藥材，並拌至藥材浸入液面下，蓋上鍋蓋，靜置 1 小時，去渣，加入冰糖溶化，冰冷服。

黃金桂全株佈滿刺棘

黃金桂

來　源： 桑科植物黃金桂 *Maclura cochinchinensis* (Lour.) Corner 之乾燥根及粗莖。

分　布： 臺灣全境平原至海拔 1,400 公尺闊葉林內。

處方名： 黃金桂、(白) 刺格仔、穿破石。

性　味： 味淡、微苦，性涼。

歸　經： 尚無共識。

功　能： 祛風通絡、清熱除濕、解毒消腫、活血通經。

經驗方

(1) 治腰痛：紅刺蔥、大本牛乳埔、崗梅根各 40 公克，黃金桂 15 公克，以半酒、水燉豬尾骨分 3 次服用，或紅刺蔥頭、王不留行、牛膝、番仔刺各 30 公克，杜仲、補骨脂各 12 公克，以半酒、水加豬脊椎骨 3 節，豬尾 1 條燉爛分 2 次服用。

黃金桂藥材

(2) 治腳風症：紅刺蔥根、黃金桂、埔銀仔、軟枝椬梧、小金櫻各 20 公克，白雞香藤、千斤拔、土牛膝各 15 公克，以半酒、水加公豬後腳 1 節，早晚各服 1 碗。

(3) 治手腳酸痛：紅肉內葉刺（雲實）、椬梧頭、黃金桂、番仔刺各 1 兩。若手風痛，再加桂枝 5 錢；若腳風痛，再加牛膝 5 錢。水煎服，或半酒、水燉豬排骨服。（《民間常用中草藥驗方集》）

(4) 治腳酸不痛（腳風）：軟枝椬梧、黃金桂、番仔刺、冇骨消（根）各 1 兩，菊花藤、紙錢墼各 5 錢，半酒、水燉豬腳服。（《民間常用中草藥驗方集》）

(5) 治風濕疼痛：(a) 黃金桂 1 兩，土煙頭、穿山龍、一條根、海芙蓉、刺五加各 5 錢，水煎服，或水煎去渣，加酒適量沖服。

(b) 黃金桂、風藤、白馬屎、牛乳埔、山葡萄各 1 兩，一條根、青皮貓各 5 錢，水煎服，或半酒、水燉豬尾骨服。（《民間常用中草藥驗方集》）

黃鵪菜隨處可見

黃鵪菜

來　源： 菊科植物黃鵪菜 *Youngia japonica* (L.) DC. 之
乾燥或新鮮全草。

分　布： 臺灣全境荒野、路旁、溪邊草叢中。

處方名： 黃鵪菜、向北草、山菠薐、罩壁癀、大號家蛇草。

性　味： 味甘、微苦，性涼。

歸　經： 尚無共識。

功　能： 清熱解毒、利尿消腫、止痛、清胃熱。(本品以
鮮用為主)

經 驗 方

(1) 治胼胝：（新鮮）黃鵪菜 1～2 兩，水、酒各半煎服，渣外敷。

說 明

胼胝（ㄆㄧㄢˊ ㄓ）指手腳因長期勞動摩擦
而生的厚繭，即皮膚等的異常變硬和增厚。

(2) 治乳腺炎：（新鮮）黃鵪菜 1～2 兩，水煎酌加酒服，渣搗爛
　　加熱外敷患處。

(3) 治痢疾：（新鮮）黃鵪菜 60 公克，搗爛絞汁沖蜜糖服。

(4) 治狂犬咬傷：（新鮮）黃鵪菜 1～2 兩，絞汁泡開水服，渣外敷。

(5) 治咽喉發炎：（新鮮）黃鵪菜，洗淨，搗汁，加醋適量含漱（治
　　療期間忌吃油膩食物）。

(6) 治指頭疔、帶狀疱疹：（新鮮）黃鵪菜搗爛，連渣塗敷。

(7) 治腫痛：（新鮮）黃鵪菜適量，黃土、食鹽各少許，搗爛敷患處，
　　可消腫止痛。

(8) 治毒蛇咬傷、蜂螫傷：（新鮮）黃鵪菜適量，搗爛絞汁服，渣
　　敷患處。

(9) 治急性腎炎：（新鮮）黃鵪菜 2～
　　3 株，烤乾研末，和雞蛋炒食。

(10) 治跌打損傷：（新鮮）黃鵪菜 30
　　　公克（或乾品 15 公克），加酒、
　　　水各半適量煎煮，去渣，每日
　　　分 2 次服。

(11) 治鵝口瘡：（新鮮）黃鵪菜根 6～
　　　7 個，用二次淘米水洗，搗爛取
　　　汁調蜜服。

（臺中市）阿賢青草行·陳錫賢老師
是善用黃鵪菜的藥草專家，圖中其手
中正拿著「黃鵪菜」的鮮品藥材。
(2014.5.8 訪問拍攝)

(12) 治肝硬化腹水：（新鮮）黃鵪菜根 4～6 錢，水煎服。

卷柏主莖直立狀，基部常形成幹狀構造，上具 2 ～ 3 回分叉之分枝。

萬年松

來　　源：卷柏科植物卷柏 *Selaginella tamariscina* (Beauv.) Spring 之乾燥全草。

分　　布：臺灣全境及蘭嶼，長於低至中海拔山地岩壁上。

處方名：萬年松、卷柏、九死還魂草、老虎爪。

性　　味：味辛，性平。

歸　　經：肝、心經。

功　　能：涼血、理氣、疏風，炒炭專用於止血。

經 驗 方

(1) 治腰痛、腰閃著風：萬年松、白椿根、（公）丁香各 10 公克，水煎服，或半酒水燉赤肉服。（中國醫藥大學・黃世勳 副教授 / 提供）

說 明

一般認為白椿根具有安定神經、減輕疲勞、恢復體力等作用。

(2) 治跌打咳嗽，去鬱氣：萬年松 20 公克，加冰糖，燉赤肉服。

(3) 治內傷：軟枝椬梧、血藤、紅骨蛇、鐵釣竿、穿山龍、散血草、（懷）牛膝、通草、人字草（指丁葵草）、萬年松各適量，水煎服。

(4) 治跌打或風濕疼痛，局部疼痛：新鮮萬年松 1 兩（乾品 5 錢），水煎服。

(5) 治血崩、白帶過多：萬年松 5 錢，水煎服。血崩用炒炭品更佳。

(6) 治哮喘：萬年松、馬鞭草各 5 錢，水煎服，以冰糖為引。

(7) 治腹痛：萬年松 2 兩，水煎服。

(8) 治吐血、便血、尿血：(a) 萬年松（炒炭）1 兩，豬瘦肉 2 兩，燉湯服。(b) 萬年松（炒炭）、仙鶴草各 1 兩，水煎服。

(9) 治大腸下血：萬年松、側柏、棕櫚等分，燒存性為末，每服 3 錢，酒下。

1cm

萬年松藥材可見枝條向內捲曲，基部密生根。

崗梅因長於山崗上，且花開似梅花，故名。

萬點金

來　源：冬青科植物崗梅 *Ilex asprella* (Hook. & Arn.) Champ. 之乾燥根及粗莖。

分　布：臺灣低至中海拔 1,800 公尺處，常見於次生林緣野徑旁。

處方名：萬點金、燈稱花、釘秤仔、(北) 山甘草、白甘草。

性　味：味苦、甘，性寒。

歸　經：肺經。

功　能：清熱解毒、生津止渴、活血。

經驗方

(1) 治肝炎：萬點金、甘草各 4 錢，山苦瓜、霧水葛各 3 錢，白鶴靈芝、薄荷、兔兒菜、鳳尾草各 2 錢，3 碗半水煎成 1 碗，早晚各煎 1 次溫服。（高雄市藥用植物學會 · 陳怡樺 理事長 / 提供）

(2) 治急性腸胃炎下瀉、發燒、全身酸痛無力，2 天住院吃抗生素、打退燒針沒改善：三點金草、小飛揚、萬點金、含殼仔草各 1 兩，6 碗水煎 3 碗，3 餐飯後各喝 1 碗，半天就退燒不拉肚子，服用 2 帖就完全好了。（南投縣藥用植物研究會 · 唐憲德 理事 / 提供）

(3) 預防流行性腦脊髓膜炎：萬點金、蘆根各 1 兩，鴨公青根、夏枯草各 7 錢，金銀花 5 錢，水煎服，連服 3 天。（《民間常用中草藥驗方集》）

(4) 治盲腸炎：武靴藤 1 兩，雙面刺、萬點金各 8 錢，桑寄生、鐵雨傘（指硃砂根）各 5 錢，豬瘦肉 4 兩，半酒水燉服。（《民間常用中草藥驗方集》）

(5) 治肺癰：萬點金、椬梧頭、棕草頭各 1 兩，半酒、水燉豬瘦肉服。

(6) 治血濁、高血壓、項強手足麻痺：萬點金 3 兩、官草筍（五節芒）2 兩，8 碗水煎 3 碗，加黑糖服。（雲林縣中草藥植物學會 · 張武訓 理事長 / 提供）

萬點金藥材

1cm

蒼耳的果實呈紡錘形或橢圓形，表面分布著許多約 0.2 公分刺，頂端有較粗的刺 2 枚。

蒼耳子

來　源： 菊科植物蒼耳 *Xanthium sibiricum* Patrin ex Widder 之乾燥成熟帶總苞的果實。

分　布： 臺灣中部海邊常見，目前中部有少部分栽培供藥用。

處方名： 蒼耳子、蒼耳。

性　味： 味辛、甘、苦，性溫，有小毒。

歸　經： 肺、肝經。

功　能： 散風寒、通鼻竅、祛風濕、止痛、止癢、殺蟲。

蒼耳子藥材

經驗方

(1) 治鼻淵、鼻流濁涕不止：辛夷 15 公克，蒼耳子、甘草各 10 公克，細辛 6 公克，每日 1 劑，水煎分 2 次服。2 周 1 療程。（本方有疏風止痛、通利鼻竅的功效）

(2) 治慢性鼻炎：蒼耳子 160 公克，辛夷 16 公克，麻油 1,000 毫升。將麻油溫熱後，加入已打碎的蒼耳子、辛夷，浸泡 24 小時後，再用文火熬煮至沸，待麻油熬至約 800 毫升左右，冷卻、過濾，裝瓶備用。每天滴鼻 3 次，每次兩滴。

(3) 治急性乳腺炎：蒼耳子 8 粒，放於碗內，倒入燒開的黃豆汁 1 碗，喝湯。

(4) 治牙痛：蒼耳子 6 公克，焙焦去殼，研成細末，與 1 個雞蛋和勻，不放油鹽，炒熟食之。每日 1 劑，連服 3 劑。

(5) 治下肢潰瘍：蒼耳子 90 公克，炒黃研末，加入生豬板油 150 公克，共搗如泥糊狀，洗淨瘡面，擦乾後塗藥糊，外用繃帶包紮。

說 明

豬板油又稱「板仔油」，分生、熟兩種，生的是指豬肚子上的成條狀的獨立肥膘肉，熟的是用這種肥膘肉熬成的油。豬板油是烹調中式菜餚的重要原料之一。

(6) 治瘧疾：（鮮）蒼耳子 100 公克，洗淨搗爛，加水煎 15 分鐘去渣，打入雞蛋 3 個，煮熟，發作前將藥液與雞蛋同服，可連服 2 ～ 5 劑。

編 語

(1) 臨床上，本品為了增強疏散風寒、宣通鼻竅作用，常與辛夷配伍，為治鼻淵的常用藥對。

(2) 散氣耗血，虛人勿服本品。

沙巴蛇草的花形似鱷嘴，俗稱鱷嘴花。

憂遁草

臺灣中草藥圖鑑及驗方

來　　源：爵床科植物沙巴蛇草 *Clinacanthus nutans* (Bum. f.)
　　　　　Lindau 之新鮮或乾燥全草。

分　　布：外來植物，目前臺灣各地皆可見零星栽培。

處方名：憂遁草、沙巴蛇草、鱷嘴花。

性　　味：味微苦、淡，性涼。(亦載味甘、辛、微苦，性平)

歸　　經：肝、腎經。

功　　能：清熱利濕、活血舒筋、消腫解毒、抗癌。

經 驗 方

(1) 治肝炎、濕疹：憂遁草 1 兩，水煎服或水煎當茶飲。

(2) 治乳癌、子宮癌：憂遁草（鮮品）、黑面將軍（鮮品）各 1 兩，
絞汁飲。

(3) 治糖尿病：憂遁草 2 兩，
半枝蓮、土茯苓各 5 錢，
麥門冬、寬筋藤各 3 錢，
水煎服。

(4) 治骨折：(a)（新鮮）憂遁草
適量，搗敷患處。(b) 憂遁
草、透骨消、落地生根、
駁骨丹、桑寄生各等量（皆

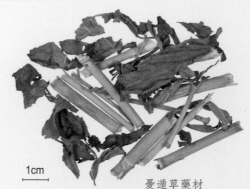

1cm

憂遁草藥材

鮮品），加酒適量搗爛，取汁內服少許，餘藥外擦患處。

(5) 治肺熱咳嗽：憂遁草（鮮葉)2 兩，水煎服。

(6) 治高尿酸、痛風、尿毒症：憂遁草、白鶴靈芝各 2 兩，綠莧
草 1 兩，土茯苓、秦皮、威靈仙、寬筋藤（此藥很苦）、甜菊
各適量，以 5,000 c.c. 水煮開，轉小火 1 小時，當茶飲。

(7) 治腰骨疼痛：憂遁草 2 兩，水煎沖雞蛋，睡前服。

憂遁草之現代研究成果（總結 2018 年以前）

(1) 研究以葉為主要部位，少數為地上部分、根、莖或芽。

(2) 研究證實沙巴蛇草含有豐富的酚類、黃酮類成分。

(3) 沙巴蛇草的成分特質與藥理之相關性：

萃取物之化學特性	極性萃取物	半極性萃取物	非極性萃取物
可能的藥理活性	抗發炎、抗病毒、抗癌、免疫調節、神經調節、DNA 保護等作用	抗病毒、抗癌、促使傷口癒合等作用	優良抗癌劑

(4) 抗癌研究主要成果

研究模式	體外抗癌試驗	體內抗癌試驗
成果	(1) 有效的抗癌種類（細胞株種類），如下： 大腸癌 (LS-174T、HCT 116) 子宮頸癌 (HeLa) 白血病 (K562) 皮膚癌 (D24、MM418C1) 肝癌 (HepG2) 乳癌 (MCF7、BT474) 肺癌 (NCI-H23、NCI-H460) 胃癌 (SNU-1) 神經組織癌 (IMR-32) 骨腫瘤 (Saos-2) 淋巴瘤 (Raji) (2) 其中，石油醚 (petroleum ether，屬於弱極性有機溶劑) 之葉萃取物顯示最強的抗癌作用。在作用 72 小時下，對子宮頸癌 (HeLa)、白血病 (K562) 細胞殺死 50% 的濃度（即 IC50 值）分別是 $18.0\mu g/mL$、$20.0\mu g/mL$，根據美國·國家癌症研究所 (National Cancer Institute, 簡稱 NCI) 的規定：天然物之粗萃取物存在 IC50 值小於 $20.0\mu g/mL$ 者，可被視為有效的抗癌劑 (active anticancer agent)。	(1) 在體內試驗，發現乙醇萃取物對於肝癌小鼠存在和甲醇萃取物之體外試驗有相似的抗癌良效，顯示這兩種極性萃取物的抗肝癌活性，值得進一步研究。

憂遁草之抗癌食用知識（臺灣抗癌藥草專家 李佳修 老師 / 提供）

(1) 憂遁草鮮葉 100 片，大約 20 公克。

(2) 第四期每天應服用 3 次，每次 100 片鮮葉，新鮮憂遁草（葉）要攪汁時才清洗。每次將憂遁草 100 片、1 個蘋果和涼開水（約 350 c.c.）一起攪，攪好後連渣一起喝，因為蘋果會氧化，所以建議馬上喝，一般是選用青蘋果和憂遁草一起攪，如果胃不好也可使用紅蘋果。蘋果要去皮、去核，因為擔心有農藥；如果水放太多，泡沫就越多，味道會比較難喝。憂遁草攪得越細，吸收就越好。憂遁草每日總劑量不能少於 300 片，否則無法達到抗癌功效。容易反胃者，可改成 1 天 6 次，每次憂遁草鮮葉 50 片、青蘋果半個。

(3) 各期癌症的每日參考用量：

癌症病況	第一期	第二期	第三期	第四期
每日使用量	鮮葉 50 片	鮮葉 100 片	鮮葉 150 片	鮮葉 300 片

(4) 保健：健康吃保養的人，每天吃 9 片即可，放進嘴裡嚼或用 1 粒青蘋果加一些白開水，然後放進攪拌機內攪來喝，攪後就要新鮮喝，不可收存過後才喝。每天喝 1 次就可以，吃飽後才喝。

(5) 其他有益食物：酸味水果，如檸檬、安石榴、蘋果、奇異果、藍莓、紅莓、草莓、山楂、葡萄等，可相混打汁飲。

薑黃常被栽培成遍

薑黃的花

薑黃

來　　源： 薑科植物薑黃 *Curcuma longa* L. 之乾燥根莖。

分　　布： 臺灣中南部山區有栽培，部分已馴化野生。

處方名： 薑黃、片薑黃、片子薑黃、白蓮蕉 (誤稱，但
　　　　　臺灣部分地區成為慣用)。

性　　味： 味辛、苦，性溫。

歸　　經： 肝、脾經。

功　　能： 活血止痛、通經、行氣、健胃、消炎、利膽、
　　　　　抗癌。

經 驗 方

(1) 治乳癌、肉瘤、斑：黃花酢漿草、香蕉頭、薑黃、鳳梨（整顆，連皮帶肉）各適量，水煎服。（臺灣民間驗方）
(2) 治子宮肌瘤：白花蛇舌草、半枝蓮、薑黃各適量，水煎服。（臺中市北區）

說 明

陳述之婦人的肌瘤長於卵巢與子宮間，原為 16 公分，服用此方 2 ～ 3 年，縮小為 9 公分。2017 年 5 月訪問時，婦人已 50 多歲。其友人將此方用於治乳癌，也有效。

1cm

薑黃藥材

(3) 解毒、抗癌：(a) 薑黃、山防風各 4 兩，水煎服。(b) 白蓮蕉頭（指薑黃）、咸豐草、白虱母子、鈕仔茄、山芙蓉、兔兒菜、牛港刺（馬甲子）各 2 兩，青殼鴨蛋 1 個，用 12 斤水煮 5 小時，約剩 4 斤，當茶飲用。（《臺灣本土青草實用解說》）
(4) 活血化瘀：薑黃 4 兩，水煎服。（《臺灣本土青草實用解說》）
(5) 顧脾胃：青木瓜適量，電鍋煎水服用；亦可加入秋葵、地瓜葉、薑黃等。（臺中市北區 · 張淑娟／中國藥學 58 屆 · 李易昌、林家安、陳泰諭）
(6) 預防 B 肝帶原者轉變成肝癌：以新鮮薑黃代替日常「生薑」使用。
(7) 治肩關節周圍炎（簡稱肩周炎）：黃耆、桑枝各 60 公克，桑寄生、桂枝、白芍、生薑、羌活、薑黃、大棗各 15 公克，水煎服。（本方著重於溫經通絡）

石胡荽為不顯眼的常見雜草

鵝不食草

來　　源： 菊科植物石胡荽 *Centipeda minima* (L.) A. Br.
　　　　　& Asch. 之乾燥 (帶花) 全草。

分　　布： 臺灣全境各地原野常見。

處方名： 鵝不食草、石胡荽、珠仔草。

性　　味： 味辛，性溫 (，有小毒)。

歸　　經： 肺、肝經。

功　　能： 祛風散寒、除濕、去翳、通竅、通鼻塞、解毒
　　　　　消腫。

經 驗 方

(1) 鵝不食草治眼角膜炎及翳膜方：用甜酒釀 1 小碗，青皮鴨蛋 1 枚，蒸全草 1 握，連服一月。

(2) 治眼病：千里光 60 公克、葉下珠 40 公克、珠仔草（指石胡荽）20 公克，燉雞肝服。

(3) 治目疾，翳障（目赤腫脹，羞明昏暗，隱澀疼痛，眵淚風癢，鼻塞頭痛，外翳扳睛）：石胡荽（曬乾）2 錢，青黛、川芎各 1 錢，共研為末。先含水一口，取藥末如米大一小撮嗅入鼻內，以淚出為度。有的配方中減去青黛。此方名為「碧雲散」。

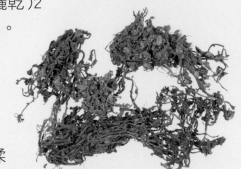

1cm　　鵝不食草藥材

(4) 除目翳：（新鮮）石胡荽 1 錢，揉鹽，按塞鼻中（通常塞於患眼對側鼻孔），翳膜自落。

(5) 降血糖：珠仔草 900 公克、雞去四尖及內臟，忌用水洗，藥置肚內，米酒及水各半，燉服。

(6) 治鼻過敏：大風草、紅乳仔草、艾葉、蔡鼻草、土煙頭、臭腥草、牛乳埔、珠仔草（指石胡荽）、鐵馬鞭各適量，半酒水煎服。

(7) 治感冒鼻塞：鵝不食草 15 公克、蔥頭 5 個，水煎服。

(8) 治關節炎：（新鮮）鵝不食草 30 公克，瘦豬肉 120 公克，加酒適量，燉後服湯食肉。

蓮即為荷，一般稱蓮花即荷花。

藕節

來　源： 蓮科植物蓮 *Nelumbo nucifera* Gaertn. 之乾燥
根莖節部。

分　布： 臺灣各地零星栽培，臺南市白
河區為臺灣蓮花的栽培重鎮。

處方名： 藕節、藕節炭。

性　味： 味甘、澀，性平。

歸　經： 肝、肺、胃經。

功　能： 散瘀、止血。

1cm

藕藥材的來源是取蓮的根莖入藥，經
常被誤作「藕節」使用，用藥仍應避
免藥用部位的混淆誤用。

經 驗 方

(1) 治婦女乳腺增生：藕節 60 公克，加水 800 毫升，煎至 600 毫升，分 3 次飯後服，每日 1 劑，有效者一般服 3 ～ 5 劑即可消除症狀，療效頗佳。

(2) 治大便下黑血：藕節 15 公克 (研末)，並和人參 12 公克，白蜜 18 公克煎湯，分 2 ～ 3 次服，至痊癒為止。

(3) 治咳血無痰：百合、藕節各 30 公克，白及 15 公克，每日 1 劑，水煎，分 2 次服。病重者，宜日服 2 劑。

(4) 治鼻出血：(a) 鮮藕節、鮮白茅根各 60 公克，生梔子 15 公克，每日 1 劑，水煎，分 3 次服，宜服 2 ～ 3 劑。不效，加生地 18 公克，再服。(b) 取藕節搗汁飲，並在鼻中滴 3 ～ 4 滴，每日 2 ～ 3 次，一般用藥 1 次即止血。

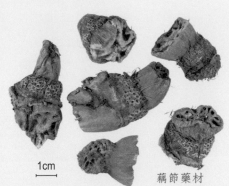

1cm

藕節藥材

(5) 治痔瘡出血：鮮藕節 180 公克，搗汁，分 3 次送服地榆末，地榆末每次用 6 公克，療效頗佳。

(6) 治牙齦出血：金銀花、藕節各 30 公克，連翹 18 公克，升麻 9 公克，黃連 6 公克，每日 1 劑，水煎，分 3 次服，數劑即癒。

(7) 治血淋脹痛：鮮藕節搗汁，調血餘炭服，日服 3 ～ 4 次。

(8) 治血痢：馬鞭草、藕節各 30 公克，每日 1 劑，水煎，分 2 次服，必要時，可日服 2 劑。

(9) 治鼻息肉：取生藕節 (連鬚在內)40 公克放在舊瓦上焙乾後，加入冰片 1 公克，共研末，貯瓶內備用，勿令泄氣。每取少許藥末吹患側鼻孔，每 2 小時 1 次；以 5 天為 1 療程，至癒為止，多數在第 2 療程可痊癒。

編 語

藕節屬於收斂止血藥之一，始載於《藥性論》，大陸主產於湖南、湖北、浙江、江蘇、安徽等地。常用劑量為 3 ～ 5 錢，大劑量可用至 1 兩，生用或炒炭用。

大青為低海拔常見保健植物

觀音串

來　源： 馬鞭草科植物大青 *Clerodendrum cyrtophyllum* Turcz. 之乾燥粗莖及根。

分　布： 臺灣全境平野及低、中海拔山麓。

處方名： 觀音串、鴨公青 (根)、埔草樣、臭腥仔。

性　味： 味苦，性寒。

歸　經： 心、肝經。

功　能： 清熱解毒、涼血止血、祛風除濕。

經 驗 方

(1) 治流行性乙型腦炎（簡稱乙腦）：觀音
串、珍中毛各 1 兩，金銀花、夏枯草、
貫眾各 5 錢，甘草 2 錢，水煎服，連
服 5 天。

(2) 治腮腺炎（痄腮）：觀音串 1 兩、白
尾蜈蚣 8 錢、紫花地丁 5 錢、刺
茄（根）3 錢，水煎服，每日 1 劑，
連服 5 天。

(3) 治青春痘、產後口渴：觀音串 2
兩，煮水喝。

(4) 治扁桃腺炎：炮仔草、觀音串各
1 兩，水煎服。火氣大加呼神翅，
外感加傷寒草。

(5) 治感冒發熱：(a) 觀音串、開脾草、山甘草、
呼神翅各 1 兩，水煎服。(b) 觀音串、山甘草各 1 兩，葉下紅、
菊花、小本丁豎杇各 5 錢，水煎服。

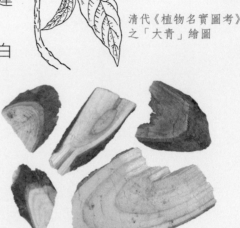

神農嚐百草

清代《植物名實圖考》
之「大青」繪圖

1cm
觀音串藥材

編 語

痄腮即指流行性腮腺炎（epidemic parotitis，英文俗稱
mumps）或稱耳下腺炎，俗稱「豬頭皮」，是由腮腺炎病毒
引起的疾病。初期症狀包括發燒、肌肉酸痛、頭痛和疲憊，
之後臉頰單側或雙側的腮腺部位會感到疼痛且腫脹。病人
通常在受到感染後的 16 ～ 18 天會開始有上述症狀，並在
發病後 7 ～ 10 天恢復正常。

……………… 其他經驗方選錄 ………………

部分方例後面附上提供者姓名，以示感謝之意；若出現「/」符號者，
「/」符號前為受訪者，「/」符號後為調查訪問者

※ 治眼睛疾病

治飛蚊症：枸杞子 2 湯匙、黃耆 6 片（可多些），置於大杯子內沖熱開水蓋一陣子後飲服，續照此沖服 1 個半月可治好，偶爾再服做保養更好。（臺中市藥用植物研究會 · 洪永富 會兄 / 提供）

治眼睛容易疲勞：常生食大同椒會改善很多，煮食亦有效。（臺中市藥用植物研究會 · 洪永富 會兄 / 提供）

治眼睛紅腫：(a) 鼠尾癀（鮮品）半斤（若乾品改成約 4 兩），燉青殼鴨蛋服，服 2 帖即好。(b) 辣椒葉約 1 把，煮雞蛋服（1 日量），約 2 ～ 3 帖即好。

治眼睛紅腫出血：大黃片浸茶心，約 6 小時後，取出貼敷眼睛 1 ～ 2 天即好。（臺中市藥用植物研究會 · 洪永富 會兄 / 提供）

治眼底出血：(a) 白菊花、枸杞各適量，泡開水飲服。(b) 鼠尾癀 4 兩，10 碗水煎 4 碗，煎好調黑糖服。(c) 參鬚 1 小撮，羅漢果 1 個（捏碎），膨大海 2 粒，沖泡開水服兩天即好。（臺中市藥用植物研究會 · 洪永富 會兄 / 提供）

治白內障開刀後，眼睛仍模糊不清：艾葉適量，用苦茶油煎鴨蛋服（雞蛋亦可），一陣子即可改善。

治乾眼症（易流淚）：常用亞麻油煮菜吃，會逐漸治好。（臺中市藥用植物研究會 · 洪永富 會兄 / 提供）

治視力不好：山素英、千里光、羊角豆、枸杞根、牛乳埔、（細號）山葡萄各約（乾品）2 兩，15 碗水煎成 6 碗，取其湯燉雞肝 2 ～ 3 付或青蚵約半斤，燉好分 2 天服完，幾天後即改善很多。（臺中

臺灣中草藥圖鑑及驗方

市藥用植物研究會 · 洪永富 會兄／提供）

治眼睛癢或下體會癢：自然乾掉的香蕉葉，洗淨煎水，煎好後取其湯洗滌患處。（臺中市藥用植物研究會 · 洪永富 會兄／提供）

治眼睛長黑珠鑽螺：粉藤薯切片曬乾約 5 錢，甜珠草（鮮品）切段約 2 把，全水 4 碗燉雞肝 2 付，分 2 日早晚各服 1 碗，嚴重者需放 1 ～ 2 片火巷一起燉煮（此方亦可治青光眼），煎服至治好為止。（臺中市藥用植物研究會 · 洪永富 會兄／提供）

※ 治口腔疾病

治口臭，漱口用：粉葛根 1 兩，藿香、白芷各 4 錢，木香、公丁香各 3 錢，此劑不宜久煎，口腔潰瘍者不宜採用，分數次含漱口。（臺中市藥用植物研究會 · 第 14、15 屆常務理事 葉源河／提供）

牙粉方：洛神花、絲瓜葉、骨碎補各適量，粗鹽少許，一起磨粉。（臺中市藥用植物研究會 · 第 16、17 屆常務監事，第 18 屆常務理事 張文智／提供）

治口腔內潰爛：黑板樹嫩葉洗淨，捲如檳榔大小，口中嚼，含口中如唾液過多吐掉，不能食入，如微量食入尚可，此樹屬於夾竹桃科植物，有微毒應審慎使用。（臺中市藥用植物研究會 · 第 16、17 屆常務監事，第 18 屆常務理事 張文智／提供）

治口內炎：番茄沾黑糖服，幾次即好。（臺中市藥用植物研究會 · 洪永富 會兄／提供）

※ 治聽覺系統疾病

治中耳炎（麻疹出在耳內引起慢性中耳炎）：（新鮮）虎耳草搗汁滴入耳內，1 天至少 1 次，持續一陣子可逐漸治好。（臺中市藥用植物研究會 · 洪永富 會兄／提供）

治耳鳴（兼治百病）：常按摩耳部及附近部位，會逐漸改善亦可治好。

治耳鳴：蘆薈（內白）1 碗，煎好調冰糖服。（臺中市藥用植物研究會 · 洪永富 會兄 / 提供）

※ 治呼吸系統疾病

治喉嚨腫痛、吞嚥刺痛：九節茶嫩枝葉（鮮品）、油點草葉（鮮品）各 1 兩，攪汁用寶特瓶裝入，每 20 分鐘小口含漱潤喉嚨，潤喉後吐掉或吞嚥皆可。（臺中市藥用植物研究會 · 第 17 屆理事長 黃淑彬 / 提供）

治喉嚨痛：(a) 左手香、白豬母乳各適量，搗汁調蜜服，兩天即癒。(b) 馬夜花頭 3 兩、金針花頭 1 兩（以上均為鮮品，2 日量）切段切片，10 碗水煎 6 碗，分 2 日照 3 餐各服 1 碗。（馬夜花頭有毒，切片後要放鹽或甘草，在水裡浸泡 30 分鐘後始取出和金針花頭一起煎煮）（臺中市藥用植物研究會 · 洪永富 會兄 / 提供）

治咳嗽，痰有血絲：（鮮品）狗尾蟲莖葉 5 兩，洗淨，用 2 瓶米酒打汁，早晚一次溫熱喝。（臺中市藥用植物研究會 · 第 12 屆理事 梁錦輝 / 提供）

治久咳痰多：(a) 雞屎藤適量，全水燉豬肚服，幾次即好。（臺中市藥用植物研究會 · 洪永富 會兄 / 提供）(b) 鳳梨肉煮黑糖，煮透後服，幾次即治好。

治肺炎：(a) 肺炎草（長柄菊）鮮品約 6 兩，全水煎好調冰糖服，此方可清除肺部穢痰。(b) 茄苳心加麻糬糊，煎水服。（臺中市藥用植物研究會 · 洪永富 會兄 / 提供）

治肺炎、肺積水：(a) 馬尾絲（刀傷草）全草約 4 兩（1 天份），半酒、水燉青殼鴨蛋服。(b) 香蕉水（香蕉樹砍斷後滴出的液體）適量，調蜜服，另外搭配艾頭 1 大把，煎水服。(c) 紅刺蔥、崗

梅根、山芙蓉（皆乾品）各 2 兩（此為 2 日量），12 碗水煎 6 碗，分 2 日照 3 餐服完。（臺中市藥用植物研究會 · 洪永富 會兄 / 提供）

治肺積水：(a) 白尾蜈蚣 5 兩、麻糬糊 2 兩（皆鮮品量），全水煎透調冰糖服，幾帖即可治好。(b) 白飯樹頭（狗牙仔頭）乾品 3 兩（鮮品約 6 兩），此為一日量，全水煎透後，其湯燉適量腰內肉服，幾帖即好。(c) 鹿仔樹根（楮樹根）、山芙蓉頭（乾品）各 2 兩，加白骨蓖麻頭（乾品）1 兩、魚針草（乾品）1 兩，全水煎透後，調黑糖服，此為一日量，幾帖即好。（臺中市藥用植物研究會 · 洪永富 會兄 / 提供）

治肺積水：鹿仔樹根 5 兩，豬瘦肉 3 兩，清水 6 碗煎 3 碗，當茶服。

預防各種流感：甘草粉調熱開水服幾天，可躲過流行期平安無事。（臺中市藥用植物研究會 · 洪永富 會兄 / 提供）

治感冒兼可預防感冒：老薑母 3 ～ 4 兩，打碎加適量黑糖煎服，趁熱喝，一天 2 ～ 3 次，1 ～ 2 天即好。（臺中市藥用植物研究會 · 洪永富 會兄 / 提供）

治感冒久不癒：生毛將軍 5 兩（鮮品量），6 碗水煎 2 碗，煎好調黑糖分早晚 2 次服完，幾帖即癒。（臺中市藥用植物研究會 · 洪永富 會兄 / 提供）

※ 治心血管疾病

治烏腳病：艾草、蔥頭（含鬚）、生薑、香茅各 4 兩，燒水 2 小時後，加米酒 1 瓶，適溫浸泡傷患部以上。（臺中市藥用植物研究會 · 第 16、17 屆常務監事，第 18 屆常務理事 張文智 / 提供）

說明：烏腳病（blackfoot disease），學名為壞疽或脫疽，民間俗稱烏乾蛇，為 1950 年代末期，臺灣西南沿海地區特有的末梢血管阻塞疾病，因患者雙足發黑而得名。此病很早就被確認

155

為飲用深井水有關，隨著自來水普及後，病患已大幅減少。發病區當地深井水中含有高量「砷」，被懷疑是可能之致病因，然烏腳病其真正致病原因至今仍未明確，據臨床研究、文獻報告、病理組織、流行病學、動物實驗以及生物統計學顯示可能與井水中的砷中毒，螢光物質、土壤中的腐質酸 (humic acid)、麥角生物鹼或其他營養遺傳基因等生態循環有關聯。

治血壓太低：豬油炸好後，油渣煮菜吃，常如此吃可逐漸調好。（臺中市藥用植物研究會 ‧ 洪永富 會兄 / 提供）

治高血壓：苦瓜根、(黃)藤根、仙草乾各 2 兩（此方 1 日量），8 碗水煎 2 碗，煎好調少許黑糖，早晚各服 1 碗，即降。（臺中市藥用植物研究會 ‧ 洪永富 會兄 / 提供）

治血壓過高：苦瓜根、枸杞根、海桐根（以上皆乾品）各 2 兩，此為 2 日量，全水煎服有效。（臺中市藥用植物研究會 ‧ 洪永富 會兄 / 提供）

降血壓方：生梔子、茜草根、枇杷葉、生藕節、赤芍、丹皮、甘草、地榆、元參、滑石、石膏、地骨皮、生地、元精石（為年久所結的小形片狀石膏礦石）、菊花、人參鬚各 2 錢半（此為成人量，小兒需減量）。（中國中醫學系 49 屆 ‧ 陳婉鈺，2018 年 5 月調查）

治心臟無力、心律不整：(a) 馬蹄金 2 兩，全水煎好，取其湯燉豬心 1 個服用，此為 2 日份。(b) 心臟草（芸香）去葉取莖，約 1 尺～ 1 尺半（視體型大小），剪段全水煎金飾，煎好一次服下或燉豬心服。（臺中市藥用植物研究會 ‧ 洪永富 會兄 / 提供）

治心臟無力：(a) 一次 4 粒龍眼子，打碎煎服其湯速效。(b) 臭加錠（欒樨）根部 2 日量，乾品用 3 兩，全水 6 碗燉豬心 1 付，分 2 日照 3 餐各服 1 碗，漸服漸好。（臺中市藥用植物研究會 ‧ 洪永富 會兄 / 提供）

治心臟病（心悸、心絞痛、心臟無力）：老菜脯約 3 兩，豬心 1 個（洗去血塊），將老菜脯切小塊，塞入豬心內，全水燉服，

喝湯吃豬心，有效。（臺中市藥用植物研究會‧洪永富 會兄／提供）

治膽固醇過高：絲瓜適量，加嫩薑煮服有效，常如此煮服可逐漸恢復正常。（臺中市藥用植物研究會‧洪永富 會兄／提供）

治心痛、心氣痛：(a) 天麻 3 錢，毛豆 4 兩，全水煎好後服其湯，毛豆亦可吃，1 日 1 帖，服數帖後即好。(b) 秤飯藤（火炭母草）頭（鮮品）半斤、白花無頭土香（水蜈蚣）約 1 大把，半酒、水燉瘦肉服。（臺中市藥用植物研究會‧洪永富 會兄／提供）

治輕微或中度中風初期：桃仔心絞汁調蜜服，耐心服一陣子會治好。（臺中市藥用植物研究會‧洪永富 會兄／提供）

※ 治消化系統疾病

治膽管結石：地膽草、牛頓棕、車前草各 5 錢，第一次 10 碗水煎煮 3 碗，第二次 7 碗水煎煮 3 碗，將前後 6 碗混合一起，溫熱早晚各服 1 碗。（臺中市藥用植物研究會‧第 12 屆理事 梁錦輝／提供）

治膽結石：(a) 買 5 斤荸薺（馬薯），每天 1 斤削皮絞汁服，也可嚼食不必絞汁。（臺中市藥用植物研究會‧洪永富 會兄／提供）(b) 雞蛋殼 30 個，打碎煎水服其湯，續服約 1 週即可。

治痔瘡：黑木耳 4 兩，洗淨，浸泡 2 小時後燒成茶水，燒 2 小時當茶喝。（臺中市藥用植物研究會‧第 16、17 屆常務監事，第 18 屆常務理事 張文智／提供）

治痔瘡：(a) 金銀花 7 錢，槐花、蒲公英、蒲黃各 5 錢，元參 4 錢，水 5 碗煎 2 碗，空腹分二次服用。有流血者蒲黃可炒過。(b) 金線蓮鮮品適量，水煎服。（臺中市藥用植物研究會‧第 14、15 屆常務理事 葉源河／提供）

治內外痔：石榴根或枝切片曬乾 (2 日量)2 兩，6 碗水燉豬大腸頭，燉好後倒入 1 碗米酒再熱一下，然後分 2 日照 3 餐各

服 1 碗，大腸頭亦可吃掉，一帖即見效，2～3 帖可治好。（此方因有石榴根而忌加當歸、黃耆等中藥）（臺中市藥用植物研究會 · 洪永富 會兄 / 提供）

治下痢不止：鳳梨榨汁或鳳梨罐頭喝其汁，見效。（臺中市藥用植物研究會 · 第 16、17 屆常務監事，第 18 屆常務理事 張文智 / 提供）

治急性腸炎：(a) 地瓜粉約 2 湯匙，加適量黑糖，開水調服速效。(b) 新鮮含殼仔草（老公根）1 小團，洗淨加點鹽巴嚼服，亦速效。（臺中市藥用植物研究會 · 洪永富 會兄 / 提供）

治胃潰瘍：金腰箭（鮮品）1 把，水煎加黑糖服；或加含殼草，一起研粉服用。（雲林縣中草藥植物學會 · 張武訓 理事長 / 提供）

治十二指腸潰瘍：朱蕉葉約 1 把，3 碗水煎 1 碗，煎透後取其湯燉豬肝，服其湯，燉服數次可治好。（臺中市藥用植物研究會 · 洪永富 會兄 / 提供）

治胃穿孔：患者忌服稀飯。生豬肝吊曬乾後切片，一日吃 3 次，每次吃 3 片，約 1～2 個月即補好。

治腸病毒：一葉草（瓶爾小草）、金線蓮各 2 兩，鳳梨心 2 支，合搗汁調蜜服，早晚二次服完，連服 2～3 天即可痊癒。（臺中市藥用植物研究會 · 洪永富 會兄 / 提供）

治肝硬化：黃水茄頭 4 兩，蘆薈內白 1 碗，狗尾蟲 3 兩，全水煎服，以上均鮮品量，鮮品較好。

治腸絞痛：用熱毛巾敷揉腹部痛處，直到不痛為止。（臺中市藥用植物研究會 · 洪永富 會兄 / 提供）

治腹痛下痢：(a) 芭仔心數朵加少許鹽巴嚼食，一兩次即好（男人想再生小孩，忌用此方）。(b) 老公根（含殼仔草）鮮品 1 小撮，洗淨後嚼食（可加少許鹽巴），速效。（臺中市藥用植物研究會 · 洪永富 會兄 / 提供）

臺灣中草藥圖鑑及驗方

治打嗝：點一炷香（一截即可），人坐好，香放在旁邊，香燃完打嗝即癒。（臺中市藥用植物研究會・洪永富 會兄／提供）

※ 治泌尿系統疾病

利尿：玉米鬚 1 兩，車前子 5 錢（布包）、甘草 2 錢，水煎服。（臺中市藥用植物研究會・第 14、15 屆常務理事 葉源河／提供）

治泌尿系統結石、膽結石：青香蕉 3 條（洗淨切片）、石螺 25 粒（斗六火車站前愛國街・西市場有賣）、生薑 5 片，水 2 碗燉服，連服 8 帖。（雲林縣中草藥植物學會・吳昭男 理事長／提供）

治腎結石：（新鮮）黃野百合（玲瓏仔豆）全草 6 兩，水煎服。（臺灣省民間藥用植物研究會・石榮通 理事長／提供）

養生化石方：金錢草 1 斤，水 3,000 c.c.，慢火 1 小時，當茶飲。（臺中市藥用植物研究會・第 12 屆理事 梁錦輝／提供）

治血尿、月經過多或貧血者：紅竹葉（朱蕉）數片，煎水服。（臺中市藥用植物研究會・洪永富 會兄／提供）

治膀胱發炎：萬年松 2 兩，水煎加冰糖服，1～2 次即癒。（雲林縣中草藥植物學會・張武訓 理事長／提供）

治慢性膀胱炎：紅甘蔗頭（連根）適量，洗淨切段，打碎煎湯服，每日如此至好為止。（臺中市藥用植物研究會・洪永富 會兄／提供）

治腎臟炎：紫莖牛膝（鮮葉）1 把，剁碎拌蛋，用苦茶油煎服，服一陣子即可。

治腎臟因外力撞傷：（新鮮）白花仔草葉約 1 把，切碎後調 1 個青殼鴨蛋，用苦茶油煎熟服，幾次後即可治好。（臺中市藥用植物研究會・洪永富 會兄／提供）

治腎水腫：水丁香、玉米鬚、黑豆各約 1 把，全水煎透後取其湯燉瘦肉服，續服幾帖可治好。（臺中市藥用植物研究會・洪永富

會兄 / 提供）

治腎臟萎縮：紅杏菜籽 1 把，10 碗水煎 3 碗，一日內照 3 餐服完，一週至少五次，2 個月即可改善很多，偶而做保養。（臺中市藥用植物研究會 · 洪永富 會兄 / 提供）

治疝氣（脫腸）：秤飯藤頭（火炭母草）鮮品約半斤（乾品 4 兩），燉青殼鴨蛋服（鴨蛋燉前應洗淨敲裂痕）此為 1 日量，幾帖即治好，偶而做保養可防不再發作。（臺中市藥用植物研究會 · 洪永富 會兄 / 提供）

治攝護腺肥大：南瓜 1 個，切塊加本島產鳳梨，洗淨，連皮切塊，全水煮透服，續煮服一陣子會治好。（臺中市藥用植物研究會 · 洪永富 會兄 / 提供）

治疝氣：(a) 按摩腳後跟兩側，一天 2 次以上，一次約 10 分鐘，持續約兩個月會治好。（臺中市藥用植物研究會 · 洪永富 會兄 / 提供）(b) 林草頭（鮮品）約半斤，此為 2 日量，半酒、水燉豬腸仔服，續燉服一陣子會好，偶而作保養。

治小便起泡、白濁：(a) 荔枝根（鮮品）6 兩、豬腸半斤（翻洗乾淨），置於荔枝根之上，全水 4 碗（此為 2 日量）燉好分 2 日，早晚服完，三帖見效。(b) 淡竹葉（全草）乾品 4 兩、花菰（花菇）削皮切條或塊約半斤（此為 2 日量），煮透後分 2 日服完，照此煮服一陣子會好。(c) 甘蔗洗淨不必削皮，切段煮花菰當茶飲，耐心照此飲服會逐漸治好。

治小便白濁：(a) 含羞草頭（乾品）2 兩（鮮品用 4 兩），以米泔水燉煮瘦肉服，常吃可治好。(b) 糙米 2 杯，加適量豬腸煮服，續煮服一陣子會好。(c) 白肉豆頭 4 兩、白龍船根 3 兩、白花益母草 2 兩，全水煎透服。（臺中市藥用植物研究會 · 洪永富 會兄 / 提供）

治下消（尿尿像豆漿）：龍葵根半斤，第二遍洗米水 3 碗、豬肉五花肉 3 兩、公賣局米酒半碗一起煎剩 1 碗，飯前 1 小時

服用，趁熱喝只要 3 帖，濁水變清水。（臺中市藥用植物研究會 · 第 17 ～ 20 理事 潘秀添 / 提供 ）

※ 治生殖系統疾病

增加男人性能力，使女人皮膚好：採摘鹿仔樹子（果實）適量，色青變黃（但不要太紅），鮮品稍有毛需洗掉，瀝乾，約 2 斤搭配 35 斤米酒頭，另加黃耆、川芎、枸杞各 3 兩，當歸 1 兩，紅棗 20 顆，浸泡 3 個月，即可飲用。（臺灣省民間藥用植物研究會 · 石榮通 理事長 / 提供 ）

強精壯陽妙方：七爪埔姜（黃荊）頭、白龍船根、白粗糠（白杜虹花）各 2 兩，白石榴枝 1 兩，以上均為乾品（2 日量），酒、水各 3 碗或 4 碗，燉半隻雞分 2 ～ 3 日服完，續燉服幾帖，偶而做保養燉服，包君滿意。（服此方期間忌吃有鱗淡水魚類）（臺中市藥用植物研究會 · 洪永富 會兄 / 提供 ）

治人一直消瘦，一直洩精，無體力，無法上班：（新鮮）鹿仔樹心 1 袋，洗淨切碎瀝乾，加豬油（現加熱榨出）炒心，適度調味，加青殼鴨蛋，麻油再加入，混拌即可。（臺灣省民間藥用植物研究會 · 石榮通 理事長 / 提供 ）

治色風（症狀為左邊睪丸會腫大，原因為縱慾過度）：剛長大之蓖麻葉 3 片，用筷子夾住拖過在鍋裡正熱炒過薑母的麻油，待稍涼時包裹睪丸固定好，一夜即消腫，如不照此處理恐會倒陽。（臺中市藥用植物研究會 · 洪永富 會兄 / 提供 ）

治生「八菊」：(a) 檳榔果打碎（約 10 粒），煎水洗患處，一陣子即好。(b) 樟腦油塗擦患處。

說明：生「八菊」（台語），是性病的一種，八菊有八隻腳，經期來時做愛，最易感染，不乾淨就會感染。

※ 治內分泌系統疾病

治甲狀腺腫大：琉璃草（鮮品，屬於苦苣苔科）泡酒服，並外擦患處。（雲林縣中草藥植物學會 · 張武訓 理事長／提供）

治甲狀腺機能亢進（甲狀腺腫大）：連續服用 3 個月的穿心蓮粉（裝膠囊），3 餐各 1～2 粒，可漸治好。（臺中市藥用植物研究會 · 洪永富 會兄／提供）

※ 治免疫系統疾病

治白血球過高：虱目魚 1 條、黃耆 1 兩、當歸 3 錢，全水燉好後服其湯，魚肉亦可吃，此為 3 日量，每週燉 2 帖，約 1 個半月左右可治好。（臺中市藥用植物研究會 · 洪永富 會兄／提供）

治瘰癧：黃花虱母子球（鮮品）全草約半斤，剁碎，4 碗水燉 1 個已打裂痕之青殼鴨蛋，燉好依 3 餐服完，鴨蛋趁還溫熱在患處滾至蛋涼為止，蛋勿服，持續燉服約半個月即可漸治好，偶而做保養。（臺中市藥用植物研究會 · 洪永富 會兄／提供）

治鼠蹊淋巴膿腫（生疬、橫痃）：鹿仔樹葉（楮樹葉）適量，全水燉青殼鴨蛋服（鴨蛋須敲裂痕），燉好鴨蛋趁溫熱在患處滾一滾，涼後丟掉不吃，鹿仔樹葉一帖量約半斤，此為 1 日量。（臺中市藥用植物研究會 · 洪永富 會兄／提供）

治鬼剃頭（頭髮掉一叢一叢的）：蘆薈切段，以切面塗擦患處或整個頭部，三天勿洗頭，一週兩次，一陣子後頭髮即長出來。（臺中市藥用植物研究會 · 洪永富 會兄／提供）

說明：鬼剃頭是一種慢性、容易復發，與免疫相關的發炎性疾病。

※ 治痠痛方

治腰椎神經腫脹疼痛（骨刺）：（蕁麻科）糯米糰 3 兩（鮮品），大火煮沸轉小火煮 1 小時，起鍋前 15 分加入米酒 1 碗，3 餐飯後服。（臺中市藥用植物研究會 · 第 18 屆常務監事 范有量／提供）

治跌打損傷、手足酸軟：臺灣天仙果根頭（乾品）2 兩、圓葉雞屎樹根頭（乾品）1 兩，豬尾冬骨 2 兩，慢火，煎煮 2 小時服用。（臺中市藥用植物研究會 · 第 20 屆常務理事 陳永隆／提供）

治跌打損傷（尤其是軟骨受傷），預防尿道結石：新鮮含殼仔草適量，塞進雞肚中，並於雞皮抹少許的鹽、米酒（去腥用），裝入土窯雞鋁箔袋內（雞頭朝下），將袋內空氣擠出，並用　肉粽的線於封口處綁緊，放入萃取鍋陶鍋內，並於鋁箔袋上方鑽 3 個小孔（以便袋內熱壓力排出），設定 150 分鐘即可，口感佳。（臺灣省民間藥用植物研究會 · 石榮通 理事長／提供）

治跌打損傷、瘀血滯留脅下，痛不可忍：柴胡 15 公克，大黃（酒浸）12 公克，當歸、桃仁（酒浸，去皮尖，研如泥）、栝蔞根各 9 公克，紅花、穿山甲（炮）、甘草各 6 公克，水煎服。（本方稱復元活血湯）

編語：(1) 本方可以含殼仔草 5 錢代用穿山甲。(2) 釘地蜈蚣只能消炎，而無行氣效果，本方能消炎兼行氣，可能較適合跌打損傷。（彰化縣藥用植物學會 · 高一忠 理事長／提供）

治跌打損傷：七厘膽鮮葉（鯽魚膽、恆春山桂花）、老薑母各適量，合搗好後調些米酒敷傷處，續貼敷幾次即好，如有腫痛兩天內的傷用冰敷，如已多日仍瘀青則用熱敷，消腫後依上述藥方搗敷。（臺中市藥用植物研究會 · 洪永富 會兄／提供）

治骨頭痠痛：臺灣天仙果（乾品）4 兩、桑寄生（乾品）2 兩，此為 2 日量，半酒、水燉肉骨服。

治頸部骨刺：青色決明子炒熟後，調糯米醋，調好後裝入棉布袋中敷患處，連續處理 2 個月即好改善。（臺中市藥用植物研究

會 · 洪永富 會兄／提供）

治膝蓋酸痛無力：香蕉嫩果約 10 幾條，全水燉肉骨服其湯，燉服幾次即逐漸治好。（臺中市藥用植物研究會 · 洪永富 會兄／提供）

治腳掌扭傷（俗稱翻腳刀）：先到傷科診所矯正後，用紅花虱母子球頭和生毛將軍合搗爛，在電鍋裡炒過後，趁溫熱時敷傷處，兩三次即好。（臺中市藥用植物研究會 · 洪永富 會兄／提供）

治頸部酸緊痛：葡萄柚燉雞肉服一段時日，即可改善。（臺中市藥用植物研究會 · 洪永富 會兄／提供）

治腰酸背痛：大骨爌蒜頭服，有效。（臺中市藥用植物研究會 · 洪永富 會兄／提供）

※ 治皮膚疾病

治帶狀疱疹（飛蛇）：竹節蓼（嫩葉）、野茼蒿（嫩心葉）各 4 兩，溫水洗淨，加米酒少許，打成泥，敷患處，幾天見效。（臺中市藥用植物研究會 · 第 16、17 屆常務監事，第 18 屆常務理事 張文智／提供）

治帶狀疱疹：白馬蜈蚣（鮮品）成株 2 棵，加九股藤泡製酒少許，搗爛外敷。（臺中市藥用植物研究會 · 第 17 屆理事長 黃淑彬／提供）

治帶狀疱疹（飛蛇）：(a) 金銀花、釘地蜈蚣各約 1 把，煎水服。(b) 芋梗陰乾燒灰，調米酒塗擦患處（由內往外），一日 3～4 次，約 3～5 天即可治好。（臺中市藥用植物研究會 · 洪永富 會兄／提供）

治疱疹：大黃粉調純麻油，塗擦患處，暫不可吃雞肉和雞蛋。（臺中市藥用植物研究會 · 洪永富 會兄／提供）

治嘴角疱疹：用挽面粉調正黑麻油，塗擦患處連續 2～3 天，每天幾次，即能治好。（臺中市藥用植物研究會 · 洪永富 會兄／提供）

治黑白疱（皮膚暴起像水泡的小疙瘩）：豨薟草葉搗爛調黑糖敷患處，日換一次，至好為止。（臺中市藥用植物研究會 · 洪永富 會

兄 / 提供）

治皮膚生疔瘡：茶匙癀（鮮品)6 ～ 7 棵成株全草，搗爛加少許黑糖，敷 2 ～ 3 次見效拔膿。（臺中市藥用植物研究會 · 第 16 屆理事 陳茂盛 / 提供）

治全身長瘡：犁頭草鮮葉洗淨，曬軟裝膠囊內，一次 3 粒，早晚各服 1 次，續服可治好。（臺中市藥用植物研究會 · 洪永富 會兄 / 提供）

治瘡毒、疔、癰：豨薟草（鮮葉）搗臭酸粥，敷患處，外覆絲瓜葉固定好，日換一次，至好為止。（臺中市藥用植物研究會 · 洪永富 會兄 / 提供）

治生蛇頭瘡（指甲邊無端發炎腫痛）：（新鮮）玲瓏仔草葉搗敷患處，幾天即可好。（臺中市藥用植物研究會 · 洪永富 會兄 / 提供）

治手指節疔（目疔）：取水牛耳屎或黑寡婦蜘蛛，搗臭酸粥敷患處，日換 2 次，治好為止，效果奇佳。（臺中市藥用植物研究會 · 洪永富 會兄 / 提供）

治青春痘：甘蔗頭、甘草、葡萄、檸檬各適量，煎水服一陣子後可逐漸改善。（臺中市藥用植物研究會 · 洪永富 會兄 / 提供）

治面疔：用棉球沾蜈蚣膏塗擦患處，並貼敷好，效果很好。（蜈蚣膏製法為：抓幾條蜈蚣置於玻璃瓶內，再倒入適量雞蛋清，不可有蛋黃，然後上蓋封好，約 4 個月後即變黑變臭，即算製成）。（臺中市藥用植物研究會 · 洪永富 會兄 / 提供）

治褥瘡：(a) 於傷處擦正麻油，早晚各 1 次，每日如此至好為止。(b) 臺灣山豆根（細枝、葉）磨粉，噴傷口，甚效。(c) 癀丹調痱子粉塗擦傷口，常擦會好。（臺中市藥用植物研究會 · 洪永富 會兄 / 提供）

因壓力引起，外觀類似「褥瘡」：取短葉水蜈蚣（當地俗稱釘地蜈蚣）適量，新鮮煮水喝，喝到痊癒（原本西醫束手無策）。

【雲林縣臺西鄉 · 阿枝（美惠的婆婆）/ 解美惠 護理師親身經歷，2018 年 5 月分享】

　　説明：短葉水蜈蚣的全草入藥，稱「無頭土香」。其味微辛，性平，能清熱利濕、散風舒筋，治瘡瘍腫毒、皮膚搔癢。

　　治各種癬症：先用消毒過之竹片扒子，在患處扒抓一下子，然後將蒜頭切掉一端切面沾麻油在患處塗擦片刻，每日做 2 次，到痊癒為止。

　　治香港腳：蒜頭 1 斤半、紅糖或冰糖 4 兩，浸泡 4 罐米酒，40 天後開封，每日飲服 1 杯，會治好。（臺中市藥用植物研究會 · 洪永富 會兄 / 提供）

　　治富貴手、牛皮癬：翼柄旃那（對葉豆、翅果鐵刀木）鮮葉適量，加鹽少許在手揉搓敷患處。（雲林縣中草藥植物學會 · 吳昭男 理事長 / 提供）

　　治牛皮癬：用生豬油塗擦患處，常塗擦會好。（臺中市藥用植物研究會 · 洪永富 會兄 / 提供）

　　治富貴手：(a) 米糠加水煮沸時，蒸患處，每天一次，1 ～ 2 週即好。（臺中市藥用植物研究會 · 洪永富 會兄 / 提供)(b) 白醋泡水，浸手約 20 分鐘，每日為之，一陣子即好。

　　治臭頭：(a) 羊帶來（乾品）約 1 兩，鮮品改成 2 兩，6 碗水煎成 2 碗後取其湯，加數片瘦肉置電鍋內燉好後服其湯，連服數帖即治好。(b) 鈕仔刺茄頭（鈕仔茄）4 兩（此為 2 日量），10 碗水煎 4 碗，分二日早晚各服 1 碗。（臺中市藥用植物研究會 · 洪永富 會兄 / 提供）

　　治頭皮生癬：(a) 醬筍調搗菸絲，貼敷患處幾次即癒。(b) 豬肝煮黑糖服，幾次即好。

※ 治神經系統疾病

治不易睡覺：磨盤草、蒼耳草各 3 兩，福肉 10 粒，5 碗水煎煮成 3 碗，分 3 餐飯後服完。

說明：人如果不易睡覺，就表示身體出問題了。除了擔心，其他都應該好好找出原因治療，有人也可能因頻尿而失眠（通常 1 晚最多小便 1 次）。另外，大便如果 3 天沒有排便，宜注意；還有嗅便味能診斷疾病，便稀往往有大腸癌的可能，應確實檢查身體。

治睡眠品質欠佳：睡前雙腳浸泡熱水 10 幾分鐘，即可好睡，連續一陣子即可治好。（臺中市藥用植物研究會 · 洪永富 會兄 / 提供）

治失眠：(a) 紅棗、高麗參、天麻、川七各等量合研粉，早晚各服 2 匙，調理一陣子後，可改於睡前服 2 匙即可。（如患有高血壓、血脂肪過高或實熱體質者則用石柱參代替高麗參）(b) 常生食苦瓜會漸改善（苦瓜應避免農藥殘留）。(c) 煮飯花頭約 6 兩，全水燉瘦肉或排骨或豬腸服，有效。（臺中市藥用植物研究會 · 洪永富 會兄 / 提供）

治巴金森氏症 (Parkinson's disease，神經退化性疾病)：石柑、清明草各 2 兩，水煎當茶飲。（雲林縣中草藥植物學會 · 張武訓 理事長 / 提供）

治頭暈、頭痛：毛豆 4 兩、天麻 1 錢，全水煎服，毛豆亦可吃，有效。（臺中市藥用植物研究會 · 洪永富 會兄 / 提供）

改善憂鬱症：土肉桂（葉）蒸餾精油，每日數次聞香治療；或者土肉桂（葉）煮茶飲。（南投縣中寮鄉驗方）

治各種原因之頭痛：(a) 包種茶（根)6 兩，12 碗水煎成 4 碗，再加 4 碗米酒燉白毛鵝肉，分 2 日服完，2 帖即好。(b) 紅棗、鼠尾癀、艾頭、蓮藕各半斤，煎水分 2 日服完。(c) 金錢薄荷、蛇莓各半斤，鮮品合絞汁調蜜，分 2 日服完，每日飲服二分之一。隔日需冰存。(d) 天麻、川芎、白芷各 2 錢，煎水服。（臺中市藥用

植物研究會 ・ 洪永富 會兄 / 提供）

治頭風：七葉埔姜頭 4 兩、艾頭 2 兩，全水煎透後，取其湯燉雞肉服，吃湯及肉。（治療期間忌吃有鱗片的淡水魚）(臺中市藥用植物研究會 ・ 洪永富 會兄 / 提供）

治盜汗：珍中毛（海金沙）全草 2 兩，此為 1 日量，全水 4 碗，加少許鹽，煎透後 1 日內分數次服完，續服幾帖可治好。(臺中市藥用植物研究會 ・ 洪永富 會兄 / 提供）

治長期虛汗：珍中毛（鮮品）和尚未去殼的糯米在鍋內合炒過後，泡溫熱水洗身泡澡，經常如此可治好。(臺中市藥用植物研究會 ・ 洪永富 會兄 / 提供）

治虛汗：(a) 蕎麥煮沸後，沖巴參服，幾次即治好。(b) 努力吃一陣子粉光粉，會好。(臺中市藥用植物研究會 ・ 洪永富 會兄 / 提供）

治腳汗臭：牛防風（指杭白芷)1 兩、北細辛 2 錢半、川芎 2 錢，共為末，適量撒鞋墊（盡量不穿白襪）。(臺中市藥用植物研究會 ・ 第 14、15 屆常務理事 葉源河 / 提供）

※ 治糖尿病

治糖化血色素 (HbA1c) 高，並治腳氣熱痛如火燎者（此濕熱盛）：可以加味逍遙散、六味地黃丸、補中益氣湯加減治療，用藥如下：丹皮 1 錢半、梔子仁 1 錢半、當歸 3 錢、炒白芍 3 錢、柴胡 2 錢、茯苓 2 錢、甘草 1 錢、生薑 3 片、薄荷 1 錢、山茱萸 2 錢、澤瀉 1 錢半、淮山 2 兩、生地 4 錢、黨參 5 錢、黃耆 5 錢、陳皮 2 錢、升麻 1 錢半、紅棗 2 粒，水煎服。另外，早餐食用 2 粒雞蛋（水煮，不可煎油）、芭樂小顆 1 粒（大的一半）；午餐、晚餐青菜水果為主食。10 帖以後血糖就可降下來。(雲林縣中草藥植物學會 ・ 吳昭男 理事長 / 提供）

治糖尿病傷口不癒：(a) 臭茉莉葉 3～4 片、落地生根葉 2～

3 片，溫水洗淨，再以米酒清洗後，以果汁機打成泥（或用刀柄打泥），加少量米酒，敷傷口，一日或二日更換一次。（臺中市藥用植物研究會‧第 16、17 屆常務監事，第 18 屆常務理事 張文智 / 提供）(b) 內服以釘地蜈蚣煎水服，續煎服幾帖。外用以三黃粉加冰片、白臘各等量，混拌敷傷口，效佳。(c) 腰仔草 1 斤，紅棗（去籽切半）半斤，全水煎到紅棗已不甜為止，分 2 日服完，持續吃會好，另可常吃白豬母乳絞汁（1 天 1 杯），效果會更佳。（臺中市藥用植物研究會‧洪永富 會兄 / 提供）

治血糖太高：地瓜葉 1 斤，冬瓜（削皮去籽）半斤，切好後，全水燉服。（臺中市藥用植物研究會‧洪永富 會兄 / 提供）

治糖尿病：(a) 本土紅柿已熟黃掉在地上之老葉子，1 日量約 7 片，洗淨切碎，10 碗水煎 4 碗，1 日內當茶服完，煎服 3 天休 2 天，改煎服四物湯調理氣血，持續照此法輪流煎服，可漸減輕症狀，亦不至於損及氣血。(b) 海金沙（乾品）2 日量 1 兩（若鮮品用 2 兩），10 碗水煎成 6 碗，分 2 日照 3 餐各服 1 碗，常煎服可治好。(c)（新鮮）白豬母乳半斤，絞汁調鮮奶服，平常如此弄來吃，可根治。（臺中市藥用植物研究會‧洪永富 會兄 / 提供）(d) 玉米鬚約 2 兩，燉豬胰臟服其湯，續服 3 個月即癒，偶而可停服幾天。

※ 治尿酸過高或痛風

治尿酸指數過高或痛風：(a) 芋梗（陰乾）2 日量用 2 兩，10 碗水煎 6 碗，分 2 日照 3 餐各服 1 碗，常煎服且注意飲食可治好。(b) 破布子枝切片曬乾或鮮用，2 日量用鮮品 4 兩（若乾品用 2 兩），10 碗水煎 6 碗分 2 日服完，數帖即改善。(c) 林投氣根（或青子，或葉），2 日量鮮品半斤，10 碗水煎 6 碗分 2 日服完，一個療程 5 帖。(d) 榆樹頭、九芎樹頭，2 日量鮮品各 4 兩（若乾品用 2 兩），12 碗水煎 6 碗，分 2 日服完，偶而做保養煎服

可治好。(e) 紅骨蛇（南五味）、枸杞根、七層塔各 2 兩，全水煎透服，連續 15 帖即可療癒。（臺中市藥用植物研究會・洪永富 會兄/提供）

※ 治毛髮疾病、美容方、減重方

治頭髮白：黑糯米煮服一段時日，可漸變黑髮。（臺中市藥用植物研究會・洪永富 會兄/提供）

治易掉髮：粗鹽調水待溶解後，潑灑頭髮，不要馬上洗掉（早上潑灑，晚上才洗），每天如此會好。（臺中市藥用植物研究會・洪永富 會兄/提供）

使皮膚美白：麵粉、檸檬汁各適量，加蛋清調敷臉部，乾後不可調笑言語一陣子再洗掉，每日為之，皮膚自然美白光滑。（臺中市藥用植物研究會・洪永富 會兄/提供）

使皮膚美白，且可減少疾病：蘆薈（內白）1 碗，3 碗水燉服，此為 1 日量，常吃會有意想不到的效果。（臺中市藥用植物研究會・洪永富 會兄/提供）

治狐臭：黑糖饅頭切半（蒸熱後），夾在腋下一邊一半，夾約 15 分鐘後取下，連續一段時日即治好。（臺中市藥用植物研究會・洪永富 會兄/提供）

減肥妙方：牛頓棕（鮮品）4 兩剁碎，白花日日春全草、老欉咸豐草，後兩者亦取鮮品，1 日量各約 2 兩，10 碗水煎 4 碗，1 日內當茶飲完，煎服 1 周休 3 天，照此法煎服，數週即漸可減至滿意，此方低血壓者忌服。（臺中市藥用植物研究會・洪永富 會兄/提供）

※ 治婦女疾病

治月內風：(a) 腰骨痠痛型的原因是坐月子時用生冷水洗澡：紅雲實（根、莖，鮮品）約半斤，炒麻油，炒好後加適量薑母、2 匙紅糖、豬尾冬骨，半酒、水置電鍋內燉好，分 2 日早晚服完。

(b) 如是手腳痠麻型的原因是坐月子時伸手到冰箱拿東西或用生冷水洗手腳：上述藥方燉豬前後腳服。(c) 如是頭痛型頭風的原因是坐月子時用生冷水洗頭：上述藥方燉豬頭骨服。以上藥方如患有高血壓者，改用菜籽油炒，不用麻油，且每一類型的症狀均需每週至少燉服 3 帖，一個月即可治好。（臺中市藥用植物研究會‧洪永富 會兄／提供）

治月內風（頭風），因產婦月內用生水或冷水洗頭引起症狀，為常感頭、心痛：七爪埔姜頭、大風草頭（2 日量）乾品各用 1 兩，酒、水各 3 碗，燉排骨分 2 日服完，幾帖即能治好。（服此方期間忌吃有鱗淡水魚類）（臺中市藥用植物研究會‧洪永富 會兄／提供）

治懷孕下體出血：找先生（老師）畫安胎符 3 張，一張貼門口，一張化來喝，一張化來擦洗屋內角落，亦可泡蔘茶喝。

治乳腺炎：(a) 臺灣蒲公英（全草）、茉莉花根各約 4 兩（鮮品），煎水調冰糖服。(b) 落地生根鮮葉搗敷乳部患處，亦有效。如能以上兩方並用，效果更佳。（臺中市藥用植物研究會‧洪永富 會兄／提供）

治月經不順兼治不孕：土豆藤（去葉）切段，煮服其湯，續服一陣子即可改善。（臺中市藥用植物研究會‧洪永富 會兄／提供）

治白帶、下消：紅花王不留行（全株，指野牡丹）2 日量鮮品 3 兩（乾品 2 兩），全水 6 碗燉排骨分 2 日服完，數帖即可治好。（臺中市藥用植物研究會‧洪永富 會兄／提供）

治白帶：白粗糠、白龍船各 3 兩，白石榴 2 兩，全水煎服，幾帖即可治好。（臺中市藥用植物研究會‧洪永富 會兄／提供）

治婦女血崩：蒲葵葉稍置新瓦片上燒存性，1 次 1 小把，1 日 2 次沖乾淨生水服，至好為止。（臺中市藥用植物研究會‧洪永富 會兄／提供）

※ 治嬰幼兒疾病

治嬰兒腹脹：女人化妝用的蜜粉調麻油，用紗布包好，在嬰兒肚子上，由上往下塗擦幾下，腹脹即消。（臺中市藥用植物研究會 · 洪永富 會兄 / 提供）

治小兒驚風：小金英頭（兔兒菜根）燉豬腸服，鮮品 1 兩（乾品 5 錢），此方甚效。（臺中市藥用植物研究會 · 洪永富 會兄 / 提供）

說明：驚風是小兒時期常見的一種急重病證，臨床以出現抽搐、昏迷為主要特徵，又稱「驚厥」，俗名「抽風」。任何季節均可能發生，一般以 1～5 歲的小兒較多見，年齡越小，發病率越高。西醫稱其為「小兒驚厥」，其中伴有發熱者，多為感染性疾病所致；不伴有發熱者，多為非感染性疾病所致，除常見的癲癇外，還有水及電解質紊亂、低血糖、藥物中毒、食物中毒、遺傳代謝性疾病、腦外傷、腦瘤等。

治小兒疝氣兼治慢驚風，也能殺除蛔蟲：刺竹尾（包葉部分）約 6 兩，紅柿蒂 1 小把，無頭土香（水蜈蚣）、車前草各 1 兩，以上均為鮮品（2 日量），8 碗水煎 4 碗，分 2 早晚各服 1 碗，續煎服幾貼即可治好。（臺中市藥用植物研究會 · 洪永富 會兄 / 提供）

治小孩白喉：蒜頭磨汁調等量白醋後，用夾子夾棉花團沾調好汁液，擠乾一些後，設法將小孩嘴巴撐開，伸入喉頭擦拭幾下，一天擦 3～4 次，至白點全擦掉即可（湯汁勿滴進食道）。（臺中市藥用植物研究會 · 洪永富 會兄 / 提供）

※ 治刀傷、外傷（指有傷口者）

治野外刀傷流血：海金沙（鮮葉）10 葉，視傷口大小覆蓋傷口，用口咀嚼後敷即止血。（臺中市藥用植物研究會 · 第 16 屆理事 陳茂盛 / 提供）

治傷口不癒，兼可防傷疤：芋梗切碎搗調赤砂糖，貼敷傷

處幾次即治好,暫忌食醬油。（臺中市藥用植物研究會 · 洪永富 會兄 / 提供）

治毒蛇咬傷:豨薟草（亦稱雙柳癀）葉約半斤,絞汁調蜜服（一次服完）,渣敷傷處 1 日 1 次,3～5 天即無事。（臺中市藥用植物研究會 · 洪永富 會兄 / 提供）

治膝蓋骨破裂:麵粉調已搗爛之蕗蕎,敷貼傷處,續貼敷約 1 週,可治好。

治骨頭裂傷:正土雞蛋殼炒乾磨粉服,幾天即癒合。（臺中市藥用植物研究會 · 洪永富 會兄 / 提供）

被狗咬傷,預防感染狂犬病等:白米用嘴嚼碎後,其湯滴入傷口內,然後將左手香嚼爛,取出貼敷傷口。

治肚定咬到:(a) 把雞的嘴巴打開對著傷口吐氣（雞會自然吐氣）,最好是能讓牠的口水滴到傷口裏會更有效。(b) 在傷處塗擦樟腦油。（臺中市藥用植物研究會 · 洪永富 會兄 / 提供）

說明:攀蜥的台語唸「肚定」（肚燈）,這是因為牠常會停置路中不動,定如釘一般,故有這樣特別的俗名。

治虎頭蜂叮到:香菇浸泡童子尿貼敷傷處,甚效。此方可提早浸泡冰存,以備不時之需。（臺中市藥用植物研究會 · 洪永富 會兄 / 提供）

治蚊子叮傷:蒜頭打碎塗擦傷處,此法亦可防蚊叮。（臺中市藥用植物研究會 · 洪永富 會兄 / 提供）

治蜈蚣咬傷:(a) 半邊蓮（鮮品）搗汁調蜜服,渣敷傷處。(b) 蜈蚣篡（蜈蚣蕨,泛指鳳尾蕨類植物）適量鮮葉,搓爛敷患處,外面用月桃葉包好,日換 1 次甚效。（種蜈蚣蕨可防蛇）（臺中市藥用植物研究會 · 洪永富 會兄 / 提供）

※ 治各種癌症、腫瘤

遠離癌症方～古早阿嬤常用抗氧化青草茶保健方：半枝蓮、蒲公英、白花蛇舌草、龍葵根、山防風、沙巴蛇草，以上各2兩，另加紅棗15粒、枸杞子1兩，水淹過草本2個手腕高，大火滾過，切小火煮成約2,500 c.c.，保健1天1碗，加強3餐飯後各1碗，一帖使用2～3天以上，1個月可食用1～2帖，預防保健勝於治療藥。（臺中市藥用植物研究會 · 胡文元 理事長／提供）

治長瘤或臭頭：白花虱母子球頭（根）鮮品4兩（此為1日量），煎水服，續服一陣子即可治好。治毒蛇咬傷（火癀，上火之意）：生毛將軍搗汁，調酒灌入口中吞下，很快就解毒。

治腦長瘤：艾頭3兩，石柑、金錢薄荷各1兩半，半酒水煎服。（雲林縣中草藥植物學會 · 張武訓 理事長／提供）

治頭部良性瘤：萬能薯半斤、甘草2錢，水煎服。如屬惡性腫瘤則改用火巷6～8兩（切片）、綠豆1把，一起煮服。續服至痊癒後偶爾做保養，應配合抗氧化草本療法。（臺中市藥用植物研究會 · 洪永富 會兄／提供）

治脖子長瘤：鈕仔刺茄頭（根、莖），切碎，全水煎透後，湯調黑糖服，兩帖即見效，常服可治好。（臺中市藥用植物研究會 · 洪永富 會兄／提供）

治白血病：(a)白田烏（鮮品）搗汁調蜜服，1天2次，一次約半斤，續吃一陣子可治好。(b)蒲葵子、白花丹（烏面馬）根各1兩，夏枯草5錢，10碗水煎4碗，分2日早晚各服1碗，續煎服可治好。（臺中市藥用植物研究會 · 洪永富 會兄／提供）

治牙床癌：楮樹乳汁、榕樹乳汁各等量混合後，置於玻璃瓶內封好保存（備用），如遇此症則啟封用毛筆沾此乳汁塗擦患處，1日擦3次，每次擦好片刻需把口內之黃液吐在桶內，不可吞入肚內，吐好應漱口然後始可吃東西。此方如能配合抗氧化草本治療效果更佳，可完全根治。（臺中市藥用植物研究會 · 洪永富 會

兄／提供）

治肺癌末期：蒲葵子（奇扇子）1斤，連殼打碎煎煮好，再加蜜棗6粒、瘦肉6兩、水6公升，慢火再煎6小時煎成6碗，分3日早晚各服1碗或當茶飲服，服前應加熱，服後可能瀉下膿便或咳出膿痰，此為藥力發作屬正常反應。排清即好，續煎服一陣子可治好。（如有過敏現象或感覺不適即停此方，改服他方）（臺中市藥用植物研究會・洪永富 會兄／提供）

治喉癌：蒲葵子半斤，全水8碗燉瘦肉，煮開後慢火煲6小時，分3日早晚各服1碗，續燉服可治好。（臺中市藥用植物研究會・洪永富 會兄／提供）

※ 解毒、排毒方

治體內毒素太多：甘草1小把，加適量黑木耳煎水服，常服可治好。（臺中市藥用植物研究會・洪永富 會兄／提供）

解食物中毒：甘草加黑木耳煎水服，甚效。（臺中市藥用植物研究會・洪永富 會兄／提供）

※ 解酒毒

治酒毒：豨薟草（根、莖）鮮品4兩（若乾品改用2兩），此為一日量，5碗水煎2碗，煎好調少許黑糖，早晚各服1碗。輕症3帖即好，重症則應續煎服一陣子，至好為止。（臺中市藥用植物研究會・洪永富 會兄／提供）

治酒鱉（酒鬼）：芋頭煮不爛部份，切塊煮湯服，幾次即治好。（臺中市藥用植物研究會・洪永富 會兄／提供）

說明：古代裝酒的皮袋，可隨身攜帶，稱「酒鱉」，指酗酒之人。

※ 轉骨方

治小孩發育不良：颱風草頭 2 日量，鮮品 6 兩（乾品改用 3 兩），酒、水各 3 碗，燉雞肉或瘦肉，分 2 日服完，續服 3 帖即獲改善。（臺中市藥用植物研究會 · 洪永富 會兄 / 提供）

治小孩長不高，肚子大大的（內有脹氣）：空心菜頭（不可用水空心菜頭），1 日量鮮品約 2 兩，米泔水 3 碗，燉瘦肉服。（臺中市藥用植物研究會 · 洪永富 會兄 / 提供）

治小兒發育不良，兼可治黑斑、雀斑、老人斑：（公）楮樹根（鹿仔樹）陰半乾後切片，2 日量為 2 兩（如成人要吃治斑點則用 3 兩），再加當歸 1 片，黃耆、枸杞各 1 把，酒、水各 3 碗燉雞肉分 2 ～ 3 日服完，續服幾帖可治好。（臺中市藥用植物研究會 · 洪永富 會兄 / 提供）

治小孩著猴：(a) 雞屎藤鮮品 4 兩，全水燉鴿子，視病情續燉服幾帖即可治好。(b) 臉盆內放七分滿水，再放玫瑰心葉 7 朵，林草葉 7 片，拿一塊磚頭燒熱後，移放到臉盆內水中，再把患者褲子脫掉，令其屁股在臉盆上方燻煙一陣子，照此做幾次即可治好。（臺中市藥用植物研究會 · 洪永富 會兄 / 提供）

※ 其他

治落骨蛇（手指頭一節一節的掉落）：紅骨蛇（南五味）鮮葉適量，搗糯米粥或餿水桶白敷患處，日換 2 次數日即癒。（臺中市藥用植物研究會 · 洪永富 會兄 / 提供）

治怕冷：薑母、雞肉各適量，置鍋內，用麻油炒過後，加適量糙米（紅殼）、水，置電鍋內燉熟後，服其湯及雞肉，甚效。（臺中市藥用植物研究會 · 洪永富 會兄 / 提供）

治中暑，亦有清肝解毒作用：榕樹根約一把（切段），全水煎透後，湯調黑糖服，甚效。（臺中市藥用植物研究會 · 洪永富 會兄 / 提供）

參考文獻

（一）一般圖書（依作者或編輯單位筆劃順序排列）

◎甘偉松，1964～1968，臺灣植物藥材誌（1～3輯），臺北市：中國醫藥出版社。

◎李岡榮，2010，民間常用中草藥驗方集，屏東市：香遠出版社。

◎林宜信、張永勳、陳益昇、謝文全、歐潤芝等，2003，臺灣藥用植物資源名錄，
臺北市：行政院衛生署中醫藥委員會。

◎翁義成，2010，臺灣本土青草實用解說，臺北市：作者自行出版。

◎國家中醫藥管理局《中華本草》編委會，1999，中華本草（1～10冊），上海：
上海科學技術出版社。

◎黃世勳，2018，實用藥用植物圖鑑及驗方：易學易懂600種【第2版】，臺中市：
文興印刷事業有限公司（出版）；臺灣藥用植物教育學會（發行）。

◎黃世勳、黃彥博、黃啟睿，2020，彩色藥用植物圖鑑及驗方：加強學習600種，
臺中市：文興印刷事業有限公司（出版）；臺灣藥用植物教育學會（發行）。

◎臺灣植物誌第二版編輯委員會，1993～2003，臺灣植物誌第二版（1～6卷），
臺北市：臺灣植物誌第二版編輯委員會。

◎蔡和順、黃世勳、蔡惠文，2020，臺灣常用中草藥，臺中市：文興印刷事業有限
公司。

◎鍾錠全，1997～2008，青草世界彩色圖鑑（1～3冊），臺北市：作者自行出版。

（二）研究報告（依發表時間先後次序排列）

◎甘偉松、那琦、張賢哲，1977，南投縣藥用植物資源之調查研究，私立中國醫藥
學院研究年報 8：461-620。

◎甘偉松、那琦、江宗會，1978，雲林縣藥用植物資源之調查研究，私立中國醫藥
學院研究年報 9：193-328。

◎甘偉松、那琦、廖江川，1979，臺中縣藥用植物資源之調查研究，私立中國醫藥
學院研究年報 10：621-742。

◎甘偉松、那琦、許秀夫，1980，彰化縣藥用植物資源之調查研究，私立中國醫藥
學院研究年報 11：215-346。

◎甘偉松、那琦、江雙美，1980，臺中市藥用植物資源之調查研究，私立中國醫藥
學院研究年報 11：419-500。

◎甘偉松、那琦、廖勝吉，1982，屏東縣藥用植物資源之調查研究，私立中國醫藥
學院研究年報 13：301-406。

◎甘偉松、那琦、胡隆傑，1984，苗栗縣藥用植物資源之調查研究，私立中國醫藥
學院中國藥學研究所。

◎甘偉松、那琦、張賢哲、蔡明宗，1986，桃園縣藥用植物資源之調查研究，私立中國醫藥學院中國藥學研究所。

◎甘偉松、那琦、張賢哲、廖英娟，1987，嘉義縣藥用植物資源之調查研究，私立中國醫藥學院中國藥學研究所。

◎甘偉松、那琦、張賢哲、李志華，1987，新竹縣藥用植物資源之調查研究，私立中國醫藥學院中國藥學研究所。

◎甘偉松、那琦、張賢哲、郭長生、施純青，1988，臺南縣藥用植物資源之調查研究，私立中國醫藥學院中國藥學研究所。

◎甘偉松、那琦、張賢哲、黃泰源，1991，高雄縣藥用植物資源之調查研究，私立中國醫藥學院中國藥學研究所。

◎甘偉松、那琦、張賢哲、吳偉任，1993，臺北縣藥用植物資源之調查研究，私立中國醫藥學院中國藥學研究所。

◎甘偉松、那琦、張賢哲、謝文全、林新旺，1994，宜蘭縣藥用植物資源之調查研究，私立中國醫藥學院中國藥學研究所。

◎謝文全、謝明村、張永勳、邱年永、楊來發，1996，臺灣產中藥材資源之調查研究（四）花蓮縣藥用植物資源之調查研究，行政院衛生署中醫藥委員會八十六年度委託研究計劃成果報告。

◎謝文全、謝明村、邱年永、黃昭郎，1997，臺灣產中藥材資源之調查研究（五）臺東縣藥用植物資源之調查研究，行政院衛生署中醫藥委員會八十六年度委託研究計劃成果報告。

◎謝文全、謝明村、邱年永、林榮貴，1998，臺灣產中藥材資源之調查研究（六）澎湖縣藥用植物資源之調查研究，行政院衛生署中醫藥委員會八十七年度委託研究計劃成果報告。

◎謝文全、陳忠川、柯裕仁，1999，金門縣藥用植物資源之調查研究，私立中國醫藥學院中國藥學研究所。

◎謝文全、陳忠川、汪維建，2000，連江縣藥用植物資源之調查研究，私立中國醫藥學院中國藥學研究所。

◎謝文全、陳忠川、邱年永、廖隆德，2001，蘭嶼藥用植物資源之調查研究，私立中國醫藥學院中國藥學研究所。

◎謝文全、陳忠川、邱年永、洪杏林，2003，臺灣西北海岸藥用植物資源之調查研究，私立中國醫藥學院中國藥學研究所。

◎謝文全、張永勳、邱年永、陳銘琛，2004，臺灣東北海岸藥用植物資源之調查研究，中國醫藥大學中國藥學研究所。

◎謝文全、陳忠川、邱年永、羅福源，2004，臺灣西南海岸藥用植物資源之調查研究，中國醫藥大學中國藥學研究所。

◎謝文全、張永勳、郭昭麟、陳忠川、邱年永、陳金火，2005，臺灣東南海岸藥用植物資源之調查研究，中國醫藥大學中國藥學研究所。

（三）期刊論文（依英文字母順序排列）

◎ Khoo LW, Audrey Kow S, Lee MT, Tan CP, Shaari K, Tham CL, Abas F. A comprehensive review on phytochemistry and pharmacological activities of *Clinacanthus nutans* (Burm.f.) Lindau. *Evid Based Complement Alternat Med.* 2018 Jul; 2018: 9276260. doi: 10.1155/2018/9276260. eCollection 2018. 【Review】

◎ Liang D, Zhou Q, Gong W, Wang Y, Nie Z, He H, Li J, Wu J, Wu C, Zhang J. Studies on the antioxidant and hepatoprotective activities of polysaccharides from *Talinum triangulare. J Ethnopharmacol.* 2011 Jun; 136(2): 316-321.

◎ Liao DY, Chai YC, Wang SH, Chen CW, Tsai MS. Antioxidant activities and contents of flavonoids and phenolic acids of *Talinum triangulare* extracts and their immunomodulatory effects. *J Food Drug Anal.* 2015 Jun; 23(2): 294-302.

◎ Oliveira Amorim AP, Campos de Oliveira MC, de Azevedo Amorim T, Echevarria A. Antioxidant, iron chelating and tyrosinase inhibitory activities of extracts from *Talinum triangulare* leach stem. *Antioxidants (Basel).* 2013 Jul; 2(3): 90-99.

◎ Oluba OM, Adebiyi FD, Dada AA, Ajayi AA, Adebisi KE, Josiah SJ, Odutuga AA. Effects of *Talinum triangulare* leaf flavonoid extract on streptozotocin-induced hyperglycemia and associated complications in rats. *Food Sci Nutr.* 2018 Oct; 7(2): 385-394.

◎ Wang L, Nie ZK, Zhou Q, Zhang JL, Yin JJ, Xu W, Qiu Y, Ming YL, Liang S. Antitumor efficacy in H22 tumor bearing mice and immunoregulatory activity on RAW 264.7 macrophages of polysaccharides from *Talinum triangulare. Food Funct.* 2014 Sep; 5(9): 2183-2193.

◎ Wang S, Zhu F, Kakuda Y. Sacha inchi (*Plukenetia volubilis* L.): Nutritional composition, biological activity, and uses. *Food Chem.* 2018 Nov; 265: 316-328. 【Review】

◎許俊凱、李雅琳，富含 Omega-3 脂肪酸的多年生油料植物～星果藤，*林業研究專訊*。 2015; 22(4): 42-45。

中文索引（依筆劃順序排列）

外文索引（依英文字母順序排列）

臺灣中草藥圖鑑及驗方

臺中市藥用植物研究會　歷屆理事長名錄

屆　次	理事長	任　期
第 一 屆	吳國定 （許秀夫）	民國 71 年 4 月～民國 72 年 6 月 （民國 72 年 6 月～民國 73 年 4 月）
第 二 屆	許秀夫	民國 73 年 4 月～民國 75 年 5 月
第 三 屆	鄭木榮	民國 75 年 5 月～民國 77 年 4 月
第 四 屆	鄭木榮	民國 77 年 4 月～民國 79 年 5 月
第 五 屆	羅漢平	民國 79 年 5 月～民國 81 年 5 月
第 六 屆	羅漢平	民國 81 年 5 月～民國 83 年 5 月
第 七 屆	許秀夫	民國 83 年 5 月～民國 85 年 5 月
第 八 屆	許秀夫	民國 85 年 5 月～民國 87 年 5 月
第 九 屆	欉新寬	民國 87 年 5 月～民國 89 年 5 月
第 十 屆	黃煥耀	民國 89 年 5 月～民國 91 年 5 月
第十一屆	賴民雄	民國 91 年 5 月～民國 93 年 5 月
第十二屆	林進文	民國 93 年 5 月～民國 95 年 6 月
第十三屆	張錦木	民國 95 年 6 月～民國 97 年 6 月
第十四屆	游澤虎	民國 97 年 6 月～民國 99 年 3 月
第十五屆	游澤虎	民國 99 年 3 月～民國 101 年 3 月
第十六屆	黃世勳	民國 101 年 3 月～民國 103 年 3 月
第十七屆	黃淑彬	民國 103 年 3 月～民國 105 年 3 月
第十八屆	胡文元	民國 105 年 3 月～民國 107 年 3 月
第十九屆	賴佩修	民國 107 年 3 月～民國 109 年 3 月
第二十屆	胡文元	民國 109 年 3 月～民國 111 年 3 月

臺中市藥用植物研究會立案證書

臺灣中草藥圖鑑及驗方

186

臺中市藥用植物研究會（臺中市南屯區大墩路 23 號）

本會館籌設記要

本會成立於民國七十一年四月十一日，創會之初，會址無著，乞蒙中部乳品公司董事長吳火山，慨將其座落於湖北街一二弄二樓及五樓五街四八號四樓先後免費提供，為本會辦公場所，已歷四年。

初本會理監事會以募款以利提供會務經費為目標，迄須籌款數迨有萬元後，以承保組乃有購置會館之議，經第二屆理事長許秀夫，懇盼事攏新覓，常務監事鄭木榮、常務理事謝明利、張坤戊、朱曜明，理事甘偉松、謝文全、羅漢平、林景彬、謝武炎山、曾啟宗、胡冠雲、王有財、陳清漆、陳美崙、李三龍，監事陳家庚、施議安、黃婦机、施農城乃苦心籌劃，數度召開臨時會，議決於七十五年二月十七日以新台幣參佰萬九向位大墩路（一現大墩路二三號）四層樓房壹棟，南橋二二七九八平方尺及水利地約十四坪為本會會館，因本會為非營業團體，黃、廖兩位先生持利樂意綠化，言明實收兩佰捌拾萬九，為拾貳萬九以黃呈翼捐款玖萬九，廖昌三捐款參萬九，義貲助，達成購買協議。

購館當時，僅有壹佰貳拾萬九，經第二屆理監事會全力募捐，籌得貳佰壹拾萬九，不得已向合作社貸款玖拾萬九，並由第三屆鄭理事長木榮，以私人無憂借于新台幣叁拾萬九，再加建實用連同房地價款，懇數花賣逾佰叁拾萬九，續台高築，幸經第三四屆理監事會由理事長鄭木榮頭導下，糾合新社理監事正忞年、謝明欽、林玉柱性積推動、並經吳政理事長固足逑喘凱行人黃氏德權、張金盾、謝文全、吳志成、王里田、伍熙英、李回英、黃煥郭安中諸師之同意，將其逑留不至貳拾萬九，糾集新社員基金，本會館之籌購歷經一至四屆監事之努力及無數熱心會務之會員，使得籌置會館久留至目前僅不是貳拾萬九，捐獻費用收與己著措成，研究班學員，咸陳佩辭震，或以義賣書籍，珍物標本、王德灣、黃水添捐出部份間班授課所得，頗閱教授們捐出演講貴，會員們甚且以做工壞采之酬勞等，各種不同方式捐款出來，其是可歌可敬，九丸總幹事長鄭木榮頭導下，糾合新社集積四屆推捜推廣會務、不頗車馬寶議性事取精神，令人感動幹事損坤琿住勞住惑、本會自增加會員之興鳳，不只社勞住惑。主，但仍有不少社會人士熱心捐輸，後人種類，萬分感激，源「」守社勞力之，創業維艱、後人來承，「」守社勞不忌，發揮其功能，使本會全體會員努力之新方向。今後應以為永久紀實。

會館籌設記要（本文由第二屆理事長許秀夫撰寫）

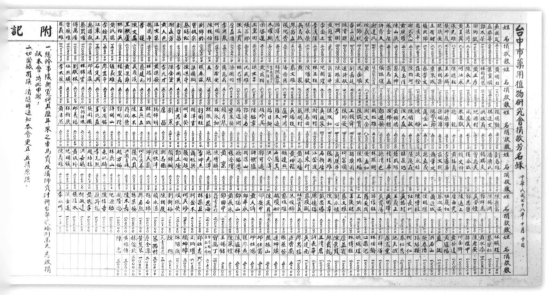

會館籌購之捐款芳名錄

國家圖書館出版品預行編目 (CIP) 資料

臺灣中草藥圖鑑及驗方 = Illustration and formula of chinese herbal medicines in Taiwan/ 黃世勳主編 . -- 初版 . -- 臺中市 : 文興印刷事業有限公司出版 : 臺中市 藥用植物研究會發行, 2021.04
　面；　公分 . -- (神農嚐百草 ; SN05)
ISBN 978-986-6784-40-8(平裝)

1. 藥用植物 2. 植物圖鑑 3. 驗方 4. 臺灣

376.15025　　　　　　　　　　　　　　　　　　　　110004143

神農嚐百草 05 (SN05)

臺灣中草藥圖鑑及驗方
Illustration and Formula of Chinese Herbal Medicines in Taiwan

出 版 者	文興印刷事業有限公司
地　　址	407 臺中市西屯區漢口路 2 段 231 號
電　　話	(04)23160278
傳　　真	(04)23124123
E-mail	wenhsin.press@msa.hinet.net
網　　址	http://www.flywings.com.tw
發行 / 編印	臺中市藥用植物研究會
會　　址	408 臺中市南屯區大墩路 23 號
會務專線	(04)24734001
主　　編	黃世勳
副 主 編	胡文元、陳錫賢、趙　嶸、洪永富
理事長 (兼發行人)	胡文元
總 策 劃	鄒淑娟、賀曉帆
編輯顧問	林進文、張錦木、許秀夫、游澤虎、黃淑彬、黃煥耀、廖江川、賴民雄、賴佩修 (依姓氏筆畫順序排列)
編輯委員	王振榮、王錫福、李佳修、李怡萱、李漢強、林志明、林錦國、柯蒨宇洪永富、洪郁惠、胡品玲、范有量、范植發、張文智、梁錦輝、許宗仁郭銘洲、陳永隆、陳志嘉、陳茂盛、陳輝南、陳輝霖、陳錫勳、游德勝湯惠玲、黃小萍、黃明寶、黃彥博、黃啟睿、黃麗蓉、楊介忠、葉源河劉元雄、潘秀添、蔡和順、蔡裕輝、鄭寶嬌、謝素緞、謝萬福、簡根元 (依姓氏筆畫順序排列)
攝　　影	黃世勳、黃啟睿
美術編輯	銳點視覺設計 (04)22428285
總 經 銷	紅螞蟻圖書有限公司
地　　址	114 臺北市內湖區舊宗路 2 段 121 巷 19 號
電　　話	(02)27953656
傳　　真	(02)27954100
初　　版	西元 2021 年 4 月
定　　價	新臺幣 400 元整
I S B N	978-986-6784-40-8

歡迎郵政劃撥
戶　名：文興印刷事業有限公司
帳　號：22785595